"广东技工"工程教材 新技能系列

GUANGDONG
JIGONG

无人机
装调与操控

广东省职业技术教研室　组织编写

SPM 南方传媒

全国优秀出版社
全国百佳图书出版单位

广东教育出版社

·广 州·

图书在版编目（CIP）数据

无人机装调与操控 / 广东省职业技术教研室组织编写. — 广州：广东教育出版社，2021.7（2022.6重印）
"广东技工"工程教材. 新技能系列
ISBN 978-7-5548-4516-5

Ⅰ. ①无… Ⅱ. ①广… Ⅲ. ①无人驾驶飞机－组装－职业教育－教材 ②无人驾驶飞机－调试方法－职业教育－教材 Ⅳ. ①V279

中国版本图书馆CIP数据核字（2021）第205739号

出 版 人：朱文清
策　　划：李　智
责任编辑：谭颖晖　叶楠楠　纪　元
责任技编：佟长缨
装帧设计：友间文化

无人机装调与操控

WURENJI ZHUANGTIAO YU CAOKONG

广东教育出版社出版发行
（广州市环市东路472号12-15楼）
邮政编码：510075
网址：http：// www.gjs.cn
佛山市浩文彩色印刷有限公司印刷
（佛山市南海区狮山科技工业园A区　邮政编码：528225）
787毫米×1092毫米　16开本　21印张　430 000字
2021年7月第1版　2022年6月第2次印刷
ISBN 978-7-5548-4516-5
定价：49.80元

质量监督电话：020-87613102　邮箱：gjs-quality@nfcb.com.cn
购书咨询电话：020-87615809

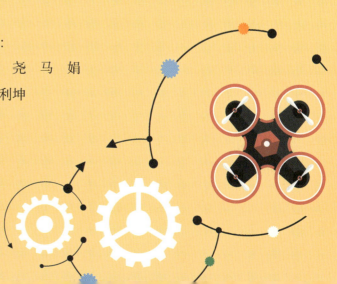

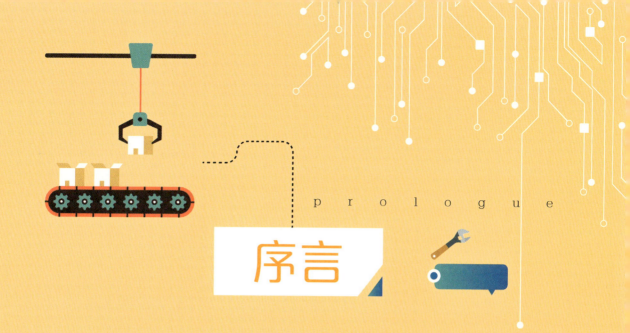

序言

　　技能人才是人才队伍的重要组成部分，是推动经济社会发展的重要力量。党中央、国务院高度重视技能人才工作。党的十八大以来，习近平总书记多次对技能人才工作作出重要指示，强调劳动者素质对一个国家、一个民族发展至关重要。技术工人队伍是支撑中国制造、中国创造的重要基础，对推动经济高质量发展具有重要作用。要健全技能人才培养、使用、评价、激励制度，大力发展技工教育，大规模开展职业技能培训，加快培养大批高素质劳动者和技术技能人才。要在全社会弘扬精益求精的工匠精神，激励广大青年走技能成才、技能报国之路。要加快构建现代职业教育体系，培养更多高素质技术技能人才、能工巧匠、大国工匠。总书记的重要指示，为技工教育高质量发展和技能人才队伍建设提供了根本依据，指明了前进方向。

　　广东省委、省政府深入贯彻落实习近平总书记重要指示和党中央决策部署，把技工教育和技能人才队伍建设放在全省经济社会发展大局中谋划推进，高规格出台了新时期产业工人队伍建设、加强高技能人才队伍建设、提高技术工人待遇、推行终身职业技能培训制度等政策，高站位谋划技能人才发展布局。2019年，李希书记亲自点题、亲自谋划、亲自部署、亲自推进了"广东技工"工程。全省各地各部门将实施"广东技工"工程作为贯彻落实习近平新时代中国特色社会主义思想和习近平总书记对广东系列重要讲话、重要指示精神的具体行动，以服务制造业高质量发展、促进更加充分更高质量就业为导向，努力健全技能人才培养、使用、评价、激励制度，加快培养造就一支规模宏大、结构合理、布局均衡、技能精湛、素养优秀的技能人才队伍，推动广东技工与广东制造共同成长，为打造新发展格局战略支点提供坚实的技能人才支撑。

在中央和省委、省政府的关心支持下，广东省人力资源和社会保障厅深入实施"广东技工"工程，聚焦现代化产业体系建设，以高质量技能人才供给为核心，以技工教育高质量发展和实施职业技能提升培训为重要抓手，塑造具有影响力的重大民生工程广东战略品牌，大力推进技能就业、技能兴业、技能脱贫、技能兴农、技能成才，让老百姓的增收致富道路越走越宽，在社会掀起了"劳动光荣、知识崇高、人才宝贵、创造伟大"的时代风尚。强化人才培养是优化人才供给的重要基础、必备保障，在"广东技工"发展壮大征程中，广东省人力资源和社会保障厅坚持完善人才培养标准、健全人才培养体系、夯实人才培养基础、提升人才培养质量，注重强化科研支撑，统筹推进"广东技工"系列教材开发，围绕广东培育壮大10个战略性支柱产业集群和10个战略性新兴产业集群，围绕培育文化技工、乡村工匠等领域，分类分批开发教材，构建了一套完整、科学、权威的"广东技工"教材体系，将为锻造高素质广东技工队伍奠定良好基础。

新时代意气风发，新征程鼓角催征。广东省人力资源和社会保障厅将坚持高质量发展这条主线，推动"广东技工"工程朝着规范化、标准化、专业化、品牌化方向不断前进，向世界展现领跑于技能赛道的广东雄姿，为广东在全面建设社会主义现代化国家新征程中走在全国前列、创造新的辉煌贡献技能力量。

广东省人力资源和社会保障厅

2021年7月

前言

"十四五"时期，我国改革开放和社会主义现代化建设进入高质量发展的新阶段，加快发展现代产业体系，推动经济体系优化升级已成为高质量发展的核心、基础与前提。制造业是国家经济命脉所系，习近平总书记多次强调要把制造业高质量发展作为经济高质量发展的主攻方向，促进我国产业迈向全球价值链中高端，特别对广东制造业发展高度重视、寄予厚望，明确要求广东加快推动制造业转型升级，建设世界级先进制造业集群。

广东作为全国乃至全球制造业重要基地，认真贯彻落实党中央、国务院决策部署，始终坚持制造业立省不动摇，持续加大政策供给、改革创新和要素保障力度，推动制造业集群化、高端化、现代化发展，现已成为全国制造业门类最多、产业链最完整、配套设施最完善的省份之一。但依然还存在产业整体水平不够高、新旧动能转换不畅、关键核心技术受制于人、产业链供应链不够稳固等问题。因此，为适应制造业高质量发展的新形势新要求，广东省委、省政府立足现有产业基础和未来发展需求，谋划选定十大战略性支柱产业集群和十大战略性新兴产业集群进行重点培育，努力打造具有国际竞争力的世界先进产业集群。

"广东技工"工程是广东省委、省政府提出的三项民生工程之一，以服务制造业高质量发展、促进更加充分更高质量就业为导向，旨在健全技能人才培养、使用、评价、激励制度，加快培养大批高素质劳动者和技能人才，为广东经济社会发展提供有力的技能人才支撑。"广东技工"工程教材新技能系列作为"广东技工"工程教材体系的重要板块，重在为广东制造业高质量发展实现关键要素资源供给保障提供技术支撑，聚焦10个战略性支柱产业集群和10个战略性新兴产业集群，不断推进技能人才培养"产学研"高度融合。

该系列教材围绕推动广东制造业加速向数字化、网络化、智能化发展而编写，教材内容涉及智能工厂、智能生产、智能物流等智能制造（工业化4.0）全过程，注重将新一代信息技术、新能源技术与制造业深度融合，首批选题包括《智能制造单元安装与调试》《智能制造生产线编程与调试》《智能制造生产线的运行与维护》《智能制造生产线的网络安装与调试》《工业机器人应用与调试》《工业激光设备安装与客户服务》《3D打印技术应用》《无人机装调与操控》《全媒体运营师H5产品制作实操技能》《新能源汽车维护与诊断》10个。该系列教材计划未来将20个产业集群高质量发展实践中的新技能培养、培训逐步纳入其中，更好地服务"广东技工"工程，推进广东省建设制造业强省，推进广东技工与广东制造共同成长。

该系列教材主要针对院校高技能人才培养，适度兼顾职业技能提升，以及企业职工的在岗、转岗培训。在编写过程中始终坚持"项目导向，任务驱动"的指导思想，"项目"以职业技术核心技能为导向，"任务"对应具体化实施的职业技术能力，涵盖相关理论知识及完整的技能操作流程与方法，并通过"学习目标""任务描述""学习储备""任务实施""任务考核"等环节设计，由浅入深，循序渐进，精简理论，突出核心技能实操能力的培养，系统地为制造业从业人员提供标准的技能操作规范，大幅提升新技能人才的专业化水平，推进广东制造新技术产业化、规模化发展。

在该系列教材组织开发过程中，广东省职业技术教研室深度联系院校、新兴产业龙头企业，与各行业专家、学者共同组建编审专家委员会，确定教材体系，推进教材编审。广东教育出版社以及全体参编单位给予了大力支持，在此一并表示衷心感谢。

目录
contents

项目一　无人机组装与调试（新职业：无人机装调检修工）

【项目导入】…… 1

任务一　无人机组装与调试基础 …… 2

任务二　穿越机的组装与调试 …… 39

任务三　消费级多旋翼无人机的组装与调试 …… 73

任务四　工业级多旋翼无人机的组装与调试 …… 99

任务五　无人直升机的组装与调试 …… 142

任务六　固定翼无人机的组装与调试 …… 188

项目二　无人机操控（新职业：无人机驾驶员）

【项目导入】…… 240

任务一　无人机操控基础 …… 241

任务二　旋翼类无人机视距内操控 …… 257

任务三　固定翼类无人机视距内操控 …… 275

任务四　无人机超视距操控 …… 298

附录 …… 318

参考文献 …… 324

后记 …… 325

项目一
无人机组装与调试

（新职业：无人机装调检修工）

项目导入

　　2020年2月，人力资源和社会保障部、国家市场监督管理总局和国家统计局发布了16个新职业，这是自2015年版《中华人民共和国职业分类大典》颁布以来发布的第二批新职业。其中包含职业编码为"6-23-03-15"的职业——无人机装调检修工。

　　该职业是使用设备、工装、工具和调试软件，对无人机进行配件选型、装配、调试、检修与维护的工作。

　　将本项目与新职业"无人机装调检修工"对标，将其职业功能、工作内容、技能要求、相关知识要求等融入项目各任务中。

　　综合考虑目前市场上民用无人机飞行平台、工作应用场景、职业人群数量、工作内容难易程度等因素，将几种具有典型代表性的无人机的组装与调试作为任务：

　　任务一　无人机组装与调试基础
　　任务二　穿越机的组装与调试
　　任务三　消费级多旋翼无人机的组装与调试
　　任务四　工业级多旋翼无人机的组装与调试
　　任务五　无人直升机的组装与调试
　　任务六　固定翼无人机的组装与调试

　　以上六个任务，任务一是任务二至任务六的基础，任务二至任务六分别都具有选型、组装、调试、测试等工作环节，且难度和深度是逐层递增的。

　　希望通过本项目各任务的学习，读者能独立使用设备、工装、工具和调试软件，完成对典型无人机产品的配件选型、装配、调试、检修与维护，初步达到新职业"无人机装调检修工"中级工或高级工的职业技能水平，并能为技师和高级技师打下一定的基础。

任务一 无人机组装与调试基础

 学习目标

① 能叙述9S管理的意义。

② 能叙述无人机安全操作规程的主要内容。

③ 能认识并正确使用无人机装调常用工具和材料。

④ 能叙述无人机机械装配工艺的内容及规程，并能正确应用常用的机械连接技术组装无人机。

⑤ 能叙述无人机电气安装工艺的一般要求，并能正确应用常见的电气连接技术。

任务描述

某培训机构因业务需求，需要对一批学员开展无人机装调检修工业务规范和专业技能基本功培训，培训内容如下：

（1）9S管理；

（2）无人机安全操作规程；

（3）无人机装调常用工具；

（4）无人机装调常用材料；

（5）无人机机械装配工艺；

（6）无人机电气安装工艺。

希望通过本培训，学员能完成本任务的学习目标。

一、9S管理

"9S管理"源于企业，是现代企业行之有效的现场管理理念和方法，通过规范现场物品和制度流程，营造一目了然的工作环境，消除安全隐患，节约成本和时间，使员工养成良好的工作习惯和服务意识，保证质量，提高效率。

9S就是整理（SEIRI）、整顿（SEITON）、清扫（SEISO）、清洁（SEIKETSU）、素养（SHITSUKE）、安全（SAFETY）、节约（SAVING）、学习（STUDY）、服务（SERVICE）九个项目，因其罗马发音均以"S"开头，故简称9S。

（1）整理（SEIRI）：区分要用和不用的，留下要用的，清除掉不用的。

（2）整顿（SEITON）：将要用的东西依规定定位、定量地摆放整齐，明确标示。

（3）清扫（SEISO）：清除场所内的脏污，并防止污染的发生。

（4）清洁（SEIKETSU）：将上述3S做法制度化，并维持成果。

（5）素养（SHITSUKE）：把好的经验和做法制度化，人人依规行事，养成良好习惯。

（6）安全（SAFETY）：制定流程并监督执行，发现隐患并及时消除，加强安全意识教育，防止和减少生产事故。

（7）节约（SAVING）：减少人力、成本、空间、时间、库存、物料等因素消耗。

（8）学习（STUDY）：持续从实践、书本中及同事、上级主管那里学习专业技术知识，完善自我，提升综合素质。

（9）服务（SERVICE）：站在客户的立场思考问题，并努力满足客户要求，树立服务意识。

二、无人机安全操作规程

以下为《无人机装调检修安全操作规程》《无人机装调检修实训室安全规程》《无人机装调检修实操安全保证书》的样例，供参考。

（一）《无人机装调检修安全操作规程》样例

无人机装调检修过程中会使用各种用电设备工具、仪器仪表，如电烙铁、电动螺丝刀、万用表等，在操作过程中要注意用电安全和操作规范，具体如下：

（1）认识电源总开关，在紧急情况下能及时切断总电源。

（2）用电设备工具、仪器仪表使用完毕后，应拔掉电源插头。插拔电源插头时不要用力拉拽电线，以防止电线的绝缘层受损造成触电。电线的绝缘皮剥落，要及时更换新线或者用绝缘胶布包好。

（3）若发现有人触电，要设法及时切断电源，或者用干燥的木棍、绝缘棒等物将触电者与电流分开，不要用手直接救人；如果触电者昏迷、停止呼吸，应立即施行人工呼吸，或马上送医院进行紧急抢救。

（4）不用手或导电物（如铁丝、钉子、别针等金属制品）去接触、探试电源插座内部。不触摸没有绝缘的线头，发现有裸露的线头要及时与维修人员联系。

（5）使用插座的地方要保持干燥，不用湿手触摸电器，不用湿布擦拭电器。当发现电器周围漏水时，暂时停止使用，并且立即通知维修人员做绝缘处理，等漏水排除后，再恢复使用。要避免在潮湿的环境下使用电器，更不能让电器淋湿、受潮或在水中浸泡，以免漏电，造成人身伤亡。

（6）不要在一个多口插座上同时使用多个电器，用电不可超过电线、断路器允许的负荷能力。增设大型电器时，应经过专业人员检验同意，不得私自更换大断路器，以免起不到保护作用，引起火灾。

（7）不要将插座电线缠绕在金属管道上，电线延长线不可经过地毯或挂有易燃物的墙上，也不可搭在金属物件上。

（8）电器插头务必插牢，紧密接触，不要松动，以免生热。

（9）使用电器过程中若发生跳闸，一定要先拔掉电源插头，然后联系维修人员查明跳闸原因，并检查电器故障问题，再确定是否可以继续使用，以确保安全。

（10）遇到雷雨天气时，要停止使用电器，防止遭受雷击。电器长期搁置不用，容易受潮、受腐蚀而损坏，重新使用前需要认真检查。购买电器产品时，要选择有质量认定的合格产品。要及时淘汰老化的电器，严禁电器超期服役。

（11）不要随意拆卸、安装电源线路、插座、插头等。

（12）不要破坏楼内安全指示灯等公用电器设备。

（13）如果看到有电线断落，千万不要靠近，要及时报告有关专业部门维修。当发现电气设备断电时，要及时通知维修人员抢修。

（14）当电器烧毁或电路超负载的时候，通常会有一些不正常的现象发生，比如冒烟、冒火花、发出奇怪的响声，或导线外表过热，甚至烧焦产生刺鼻的怪味，这时应马上切断电源，然后检查用电器和电路，并请维修人员处理。

（15）当用电器或电路起火时，一定要保持头脑冷静，首先尽快切断电源，或者将室内的电路总闸关掉，然后用专用灭火器对准着火处喷射。如果身边没有专用灭火器，在断电的前提下，可用常规的方式将火扑灭；如果电源没有切断，切忌用水或者潮湿的东西灭火，以免引发触电事故。

（二）《无人机装调检修实训室安全规程》样例

（1）学生必须在有关老师带领或同意下方可进入实训室。

（2）学生实训前必须穿好工作服，按规定的时间进入实训室，到达指定的工位，未经同意，不得私自调换。

（3）不得穿拖鞋进入实训室，不得携带食物、饮料等进入实训室，不得让无关人员进入实训室，不得在室内喧哗、打闹、随意走动，不得乱摸乱动有关电气设备。

（4）上课时要注意保持实训室内卫生，不许在实训室内吸烟、喝水、吃零食以及随地吐痰、乱扔纸屑杂物。

（5）室内的任何电气设备，未经验电，一般视为有电，不准用手触碰，任何接、拆线都必须切断电源后方可进行。

（6）使用设备前要认真检查，如发现不安全情况，应停止使用并立即报告老师，以便及时采取措施；电气设备安装检修后，须经检验后方可使用。

（7）实验操作时，思想要高度集中，操作内容必须符合教学内容，不准做任何与实训无关的事。

（8）要爱护实训工具、仪表、电气设备和公共财物，凡在实训过程中损坏仪器设备者，应主动说明原因并接受检查，填写报废单或损坏情况报告表。

（9）保持实训室整洁，每次实训后要清理工作场所，做好设备清洁和日常维护工作。经老师同意后方可离开。

（10）实训室内的机器设备应在任课教师指导下使用，未经允许不得随意动用别的机器设备。

（11）不得随意开关电源及重启设备，发现异常时应及时与任课教师联系。

（12）下课后每位同学应正常关闭设备，并做好工位卫生工作。

（13）实训人员要树立"安全第一"的思想，严格遵守安全操作规程。

（14）实验时，严格按照实验步骤逐一进行操作，确认一切正常后，经老师检查无误后方可进行通电实验。实验全程，板上要保持整洁、不可随意放置杂物，特别是导电的工具和导线等，以免发生短路等故障。

（15）实验装置上的直流电源及各信号源原则上仅供实验使用，一般不外接负载或电路。如作他用，要注意使用的负载不能超出本电源或信号源允许的范围。实验完毕后，及时关闭实验桌和仪器设备的电源，将仪器设备和元器件整理好，整齐地摆放在实验桌上，并填好学生实验登记表。

（16）认真学习实训指导书，掌握电路或设备工作原理，明确实训目的、实训步骤和安全注意事项。

（17）分组实训前，学生应认真检查本组仪器、设备及电子元器件状况，若发现缺损或异常现象，应立即报告指导教师或实训室管理人员处理。

（18）组装无人机时，要注意细小零部件的摆放，以免滚落地面造成损坏。

（19）在无人机组装实训过程中使用钻床时，要严格遵循钻床操作规程：钻头和工件要装卡牢固可靠，装卸钻头要用专门钥匙，不得乱用；操作时严禁戴手套，女生要戴工作帽，工作服袖口要扎紧；不准用手摸旋转的钻头和其他运动部件，运转设备未停稳时，禁止用手制动，变速时必须停车；钻削5 mm以上的孔时，要将工件装夹好，禁止用手持工件加工；钻孔排屑困难时，进钻和退钻应反复交替进行；钻削脆性材料和使用砂轮机时要戴防护眼镜，操作完毕后将电源关闭。

（20）在无人机组装实训过程中使用台钳夹持工件时，钳口不允许张得过大（不准超过最大行程的2/3），夹持元件或精密工件时应用铜垫，以防工件坠落或损伤工件。

（21）在无人机组装实训过程中使用扳手紧固螺钉时，应检查扳手和螺钉有无裂纹或损坏，在紧固时，不能用力过猛或用手锤敲打扳手，大扳手需要套管加力时，应该特别注意安全。

（22）在无人机组装实训过程中使用焊台时，应注意打开电源时风枪必须放在风枪架上，保持出风口畅通，不能有阻碍物；作业完毕后，必须把加热手柄放在加热架上；烙铁头温度不宜长时间过高，间歇不用时应把温度调低；切勿用身体任何部位接触仪器加热部分、风枪热风口；机器在工作结束后，必须冷却方能存放，机器附近不能有易燃、易爆的物品。

（23）在无人机组装实训过程中不准乱用电烙铁，防止焊锡掉在线间造成短路或烫伤，工作中暂时不用电烙铁时，必须将其放在金属支架上，不准放在木板或易燃物附近，工作完毕，切断电源，冷却后妥善保管。

（24）在无人机组装实训过程中使用手锯时，应注意必须夹紧锯条，不能松动，以防锯条折断伤人；锯割碳管时，要将锯靠近钳口，方向要正确，压力和速度要适宜；安装锯条时，把握好松紧程度，以锯条略有弹性为宜，操作方向要正确，不准歪斜。

（三）《无人机装调检修实操安全保证书》样例

通过对《无人机装调检修安全操作规程》《无人机装调检修实训室安全规程》的学习，本人已深刻理解无人机装调检修实操及实训室的安全规程，本人保证在无人机装调检修实操时遵守各项规章制度和安全规程，做到安全、文明实操。具体保证如下：

①……

②……

③……

班级：

保证人姓名：

学号：

 任务实施

一、无人机装调常用工具

1. 螺丝刀

螺丝刀（起子、旋具）（图1-1-1）是用来拧螺钉的工具，可以分为一字、十字、米字、星型、方头、六角头和"Y"型头部等不同的类型。

（a）一字、十字螺丝刀

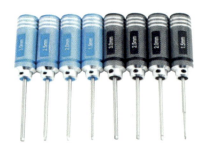

（b）内六角螺丝刀

图1-1-1　螺丝刀

一字螺丝刀的型号表示为：刀头宽度×刀杆长度。如2 mm×75 mm，表示刀头宽度为2.0 mm，刀杆长度为75 mm（非全长）。

十字螺丝刀的型号表示为：刀头大小×刀杆长度。如2#×75 mm或PH2×75 mm，表示刀头大小为2号，刀杆长度为75 mm（非全长）。刀头大小0#、1#、2#、3#、4#对应的金属杆粗细大致为3.0 mm、4.0 mm、6.0 mm、8.0 mm、9.0 mm。

内六角螺丝刀的型号表示为：六角对边的距离，常见的有1.5 mm、2.0 mm、2.5 mm、3.0 mm、4.0 mm、5.0 mm等。

螺丝刀使用注意事项：

（1）保持旋具和螺钉同轴心，手指握住旋具，手心抵住柄端，压紧后用手腕扭转，松动后用手心轻压旋具，用拇指、中指、食指快速扭转。

（2）使用长杆旋具，可用另一只手协助压紧和拧动手柄。

（3）刀具应与螺钉槽口大小、宽窄、长短相适应，刀口不得残缺，以免损坏槽口和刀口。

（4）不可用锤子敲击旋具柄或当錾子使用，也不可当杠杆使用，刃口不可磨削，以免破坏硬化表面。

（5）不可把旋具口端用作扳手或者其他工具，以免阻力增加，导致旋杆破坏；不可将旋具放在衣服或者裤子口袋内，以免碰撞或跌倒时造成人身伤害。

2. 水口钳和斜口钳

水口钳和斜口钳（斜嘴钳）（图1-1-2）是用来剪掉多余线头、电子元件脚或扎带的工具。水口钳刃口比较薄、比较锋利，适用于剪细铜线、塑料橡胶等材料，剪断后切口是平整的，形如"I"；斜口钳刃口比较厚、比较钝，可以剪粗一点的铜线、铁线，剪断后切口是斜的，形如"><"。

（a）水口钳　　　　　　　　　　　　（b）斜口钳

图1-1-2　水口钳和斜口钳

🔧 **水口钳和斜口钳使用注意事项：**

（1）禁止剪钢丝、粗铁丝及较硬的物品。

（2）禁止敲打、用作撬棒。

（3）使用时，尽量避免对准人员，防止打滑伤人。

（4）用完后清理脏污，并涂油保养，以防止刃口老化、氧化。

3. 剥线钳

剥线钳（图1-1-3）是用来剥除电线两端的表面绝缘层，使电线两端被切断的绝缘塑料与原本电线金属分开的工具，剥线钳的塑料手柄还可以防止触电。

🔧 **剥线钳使用注意事项：**

图1-1-3　剥线钳

（1）根据电线的粗细、型号，选择相应刀口的剥线钳。

（2）将准备好的电线放在剥线工具的刀刃中间，选择好要剥线的长度。

（3）握住剥线钳手柄，将电线夹住，缓缓用力使电线外表皮慢慢剥落。

（4）松开剥线钳手柄，取出电线，这时电线金属整齐地露在外面，其余绝缘塑料完好无损。

4. 扳手

扳手（图1-1-4）是用来拧紧或拧松螺栓、螺母的工具。常用的有固定扳手、活

动扳手、外六角扳手和内六角扳手。无人机中六角螺帽、带子弹头的六角螺帽、内六角螺栓的拆装和紧固都离不开扳手。

（a）固定扳手

（b）活动扳手

（c）外六角扳手

（d）内六角扳手

图1-1-4　扳手

固定扳手使用注意事项：

（1）固定扳手开口尺寸应与螺栓、螺母的尺寸一致。

（2）固定扳手开口厚的一边应置于受力大的一侧。

（3）扳动时以拉动为好，若必须推动，为防止伤手，可用手掌推动。

（4）多用于拧紧或拧松标准规格的螺栓、螺母。

（5）不可用于拧紧力矩较大的螺栓或螺母。

（6）可以上、下套入或者横向插入，使用方便。

活动扳手使用注意事项：

（1）活动扳手的开度可以自由调节，适用于拧紧或拧松不规则的螺栓或螺母。

（2）使用时，应将钳口调节到与螺栓或螺母的对边距离同宽，并使其紧密贴合，让活动扳手可推动钳口承受推力，固定钳口承受拉力。

（3）不可将活动扳手当作铁锤敲击，不可在扳手柄端再套上管子来增加扳手的扭力。

（4）活动扳手的开口尺寸能在一定范围内任意调节，应向固定边施力，绝不可向活动边施力。

（5）限于拆装开口尺寸限度以内的螺栓、螺母，特别对不规则的螺栓、螺母，更能发挥作用。

（6）不可用于拧紧力矩较大的螺栓、螺母，以防损坏扳手活动部分；当活动扳手开口有磨损或使用过程中有打滑现象时，该扳手不可继续使用，以免发生事故。

（7）原则上能使用套筒扳手的不使用梅花扳手，能使用梅花扳手的不使用开口扳手，能使用开口扳手的不使用活动扳手。

内六角扳手使用注意事项：

（1）用于拧紧或拧松标准规格的内六角螺栓。

（2）拧紧或拧松的力矩较小。

（3）内六角扳手的选取应与螺栓或螺母的内六方孔相适应，不允许使用套筒等加长装置，以免损坏螺栓或扳手。

（4）使用前要正确区分螺栓的规格（公制或英制），以便选择合适规格的内六角扳手。

5. 手工锯

手工锯（图1-1-5）是用来对碳纤管、碳纤板、零部件和不方便机加工的连接件进行简单加工的工具。

图1-1-5　手工据

手工锯使用注意事项：

（1）安装锯条时应使齿尖朝着向前推的方向。

（2）锯条的张紧程度要适当，若过紧，容易在使用中崩断；若过松，容易在使用中扭曲、摆动，使锯缝歪斜，也容易折断锯条。

（3）使用时一般以右手为主，握住锯柄，加压力并向前推锯；以左手为辅，扶正锯弓，根据加工材料的状态（板料、管材、圆棒）选择做直线式或者上下摆动式的往复运动，向前推锯时应均匀用力，向后拉锯时应双手自然放松。快要锯断时，应注意轻轻用力。

（4）使用手锯时，明确工件的夹紧位置，不允许怀抱虎钳进行锯削。

6. 锉刀

锉刀（图1-1-6）是用于处理零部件边角处毛刺打磨和螺旋桨静平衡配平的工具，要避免割伤人和电线，同时要避免碳纤维编织状结构的损坏。常用的锉刀有普通锉、什锦锉。

（a）普通锉　　　　　　　　　　　（b）什锦锉

图1-1-6　锉刀

锉刀使用注意事项：

（1）细锉刀不能锉软金属。

（2）不准用新锉刀锉硬金属，不准用锉刀锉淬火材料。

（3）有硬皮或粘砂的锻件和铸件，须在砂轮机上将其磨掉后，才可用半锋利的锉刀锉削。

（4）新锉刀先使用一面，待该面磨钝后再使用另一面。锉削时，要经常用钢丝刷清除锉齿上的切屑。

（5）锉刀不可重叠或者和其他工具堆放在一起。

（6）用锉刀时不宜速度过快，否则容易过早磨损。

（7）锉刀要避免沾水、油和其他脏污。

7. 手电钻

手电钻（图1-1-7）是用来钻孔、攻螺纹、拧螺钉的常用工具。常用的手电钻有充电式手电钻、插电式手电钻。

（a）充电式　　　　　　（b）插电式

图1-1-7　手电钻

手电钻使用注意事项：

（1）在使用手电钻时不准戴手套，防止手套缠绕。

（2）使用前检查手电钻是否接地线，核对实际电压与额定电压是否相符，通电前先空转检查旋转方向，确定正常后再使用。

（3）钻孔前，要确定钻头装夹位置是否合适，是否紧固到位。

（4）钻孔时，孔在即将钻透时，手电钻钻孔进给量要适当减小，同时手部用力适当减小，避免切削量过大，造成手电钻从手中脱落或者折断导致安全事故。

（5）操作时若发现手电钻内部出现严重打火声、异味、冒烟等现象，应停止使用。

（6）装卸钻头应在手电钻完全停止转动并断电时进行，不准用锤和其他器件敲打钻夹头。

（7）操作完成或移动手电钻时应断电。

8. 万用表

万用表（图1-1-8）是用来测量电流、电压、电阻的工具，有些万用表还可测电容、三极管电信号放大倍数和频率等。常用的有数字式万用表、机械式万用表。在无人机组装检修中经常需要使用万用表测量锂电池电压、飞控（飞行控制系统）电源输入电压、ESC（Electronic Speed Control，电子调速器，简称电调）电压、摄像头电压、图传电压、线路通断和分电板分电情况等。

（a）数字式

（b）机械式

图1-1-8　万用表

万用表使用注意事项：

（1）在使用万用表之前，应先进行"机械调零"操作，即在没有被测电量时，

使万用表指针指在零电压或零电流的位置上。

（2）在使用万用表时，必须将其水平放置，以免造成误差。

（3）要注意避免外界磁场对万用表的影响。

（4）在使用万用表的过程中，不能用手去接触表笔的金属部分，这样一方面可以保证测量的准确性，另一方面可以保证人身安全。

（5）在测量时，不能在测量的同时换挡，尤其是在测量高电压或大电流时，更应注意。否则，会使万用表毁坏。如需换挡，应先断开表笔，换挡后再测量。

（6）万用表使用完毕后，应将转换开关置于交流电压的最大挡。如果长期不使用，还应将万用表内部的电池取出来，以免电池腐蚀表内其他器件。

9. 电烙铁

电烙铁（图1-1-9）是用来焊接电子元件和导线的工具。按机械结构不同，其分为外热式电烙铁和内热式电烙铁；按功能不同，其分为无吸锡式电烙铁和吸锡式电烙铁；按用途不同，其分为大功率电烙铁和小功率电烙铁。其选用方法主要根据功率和烙铁头形状来确定。

图1-1-9　电烙铁

🔧 **电烙铁使用注意事项：**

（1）使用电烙铁前应检查使用电压是否与电烙铁标称电压相符。

（2）电烙铁应该接地。

（3）电烙铁通电后不能任意敲击、拆卸及安装其电热部分零件。

（4）电烙铁应保持干燥，不宜在过分潮湿或雨淋环境中使用。

（5）拆烙铁头时，要关闭电源。

（6）关闭电源后，利用余热在烙铁头上上一层锡，以保护烙铁头。

（7）当烙铁头上有黑色氧化层时，可用砂布擦去，然后通电，并立即上锡。

（8）海绵用来收集锡渣和锡珠，以用手捏刚好不出水为宜。

（9）电烙铁用完要及时保养。

10. 风枪焊台

风枪焊台（热风枪、焊台、风枪焊台一体机）（图1-1-10）是利用发热电阻丝的枪芯吹出的热风来焊接元件与摘取元件的工具。从本质上说，风枪焊台也是电烙铁的一种，其只是在电子焊接发展过程中因为焊接技术的发展要求改变而出现的新的焊接工具。风枪焊台与电烙铁，两者外观上最明显的区别就是风枪焊台多了一个调温台，性能上的区别主要是风枪焊台温度控制精准、升温快。

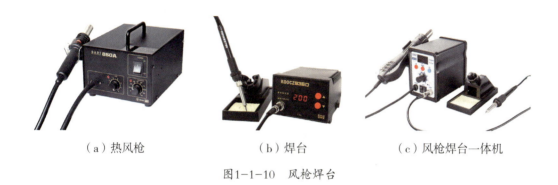

（a）热风枪　　　　　　（b）焊台　　　　　（c）风枪焊台一体机

图1-1-10　风枪焊台

🔧 **风枪焊台使用注意事项：**

（1）禁止将风枪焊台用于取暖，操作结束或者确定离开时要确保已经切断工具电源。

（2）操作时严禁出风口朝向人员，或易燃、易爆的物品。

（3）操作时若发现严重打火声、怪声、异味、冒烟等现象，应停止使用。

（4）操作时严禁人员触摸出风口位置。

（5）暂停使用、放置一旁时必须将加热口朝上垂直放置。

11. 热熔胶枪

热熔胶枪（图1-1-11）是一种利用加热固体胶进行粘接的工具，其优势是粘接速度快、效率高，缺点是胶体比较重，不太适合对起飞质量有严格要求的无人机。

图1-1-11　热熔胶枪

🔧 **热熔胶枪使用注意事项：**

（1）使用前检查接地线、电源线，确定正常方可使用。

（2）操作结束或者临时离开，要确定已经切断工具电源。

（3）操作时严禁加热，避免碰伤人员或损毁物品。

（4）必须放置在托架上，加热头朝下，严禁倒置。

（5）涂胶时戴手套，避免烫伤身体。

二、无人机装调常用材料

1. 机体材料

无人机常用的机体材料有碳纤维、玻璃纤维、轻木、泡沫板等。

碳纤维，是一种含碳量在90%以上的高强度、高模量、无机高性能纤维，既有碳材料的固有本性特征，又有纺织纤维的柔软可加工优势。其具有比重小、刚性好、强度高、耐高温、耐摩擦、导电、导热、耐腐蚀、电磁屏蔽性好等诸多优点，被广泛应用于航空、航天、汽车、体育器械、医学等领域。

玻璃纤维，是一种性能优异的无机非金属材料。其具有绝缘性好、耐热性强、抗腐蚀性好、机械强度高等优点，具有脆性较大、耐磨性较差等缺点。

轻木、泡沫板（图1-1-12）多用于固定翼无人机。泡沫板具有质量轻、制作简单、相对耐摔、容易修复等特点。按材料不同，其分为KT板、EPO板、EPS板和EPP板等；按发泡放大比例（发泡后相比发泡前的增大倍数），其分为低发泡15倍以下到高发泡40倍以上的泡沫板。增大倍数越小，材料硬度越硬，韧性越差。

图1-1-12　泡沫板（模型）

碳纤维、玻璃纤维、丙烯酸塑料、铝合金和轻木的性能、价格及加工难易程度见表1-1-1。

表1-1-1　不同材料性能、价格及加工难易程度

特性	碳纤维	玻璃纤维	丙烯酸塑料	铝合金	轻木
密度（lb/cuin）	0.05	0.07	0.04	0.1	0.0027～0.0081
刚度（Msi）	9.3	2.7	0.38	10.3	0.16～0.9
强度（Ksi）	120	15～50	8～11	15～75	1～4.6

（续表）

特性	碳纤维	玻璃纤维	丙烯酸塑料	铝合金	轻木
价格（10个级别，10价格最贵，1最便宜）	10	4	1	3	1
加工难易程度（10个级别，10加工最难，1最容易）	7	3	3	3	1

2. T插头

T插头，多用于电源接头，因其金属导电部分一横一竖形成T字形，故又简称T插。T插头成对使用，其中一头凸出的为公头（图1-1-13右），凹进去的为母头（图1-1-13左），可防止正负极接反。

图1-1-13 T插头

3. 香蕉插头

香蕉插头（图1-1-14）简称香蕉头，是一种快速插拔的电源接头。香蕉头成对使用，一头凸出的为公头，凹进去的为母头。其主要参数是直径和允许电流，根据直径分为多种型号：2.0 mm、3.0 mm、3.5 mm、4.0 mm、5.5 mm、6.0 mm、8.0 mm。

图1-1-14 香蕉插头

4. XT60、XT90插头

XT60、XT90插头，通常用作电源接头，XT60插头里面是3.5 mm的香蕉头，XT90插头里面是4.5 mm的香蕉头。XT60、XT90插头成对使用，一头凸出的为公头，凹进去的为母头，其外壳一边为直边、一边为斜边，防止反接。各种插头可以自由焊接作为转接，图1-1-15和图1-1-16所示的分别是XT60的插头和转接头。

图1-1-15 XT60插头

图1-1-16 XT60转接头

5. EC系列插头

EC系列插头（图1-1-17），主要有EC2、EC3、EC5，其中EC2使用2.0 mm的镀金香蕉头，EC3使用3.5 mm的镀金香蕉头，EC5使用5.0 mm的镀金香蕉头。

图1-1-17　EC系列插头

6. JST插头

JST插头（图1-1-18），是一种小电流的电源插头，成对使用，正反面形状不一样，具有防接反功能。

图1-1-18　JST插头

7. 杜邦线

杜邦线（图1-1-19），有独立一根一根的，也有组合在一起的，无人机常用的有3根组合的3P杜邦线，用于飞控和电调的连接、接收机的连接等。

图1-1-19　杜邦线

8. XH2.54接头

XH2.54接头（图1-1-20），主要用于锂电池的平衡充电，2S电池表示两块电芯共3根线，其中红色是正极，第一根黑色线是第一块电芯的负极，第二根黑色线是第二块电芯和第一块电芯串联后的负极。3S电池共4根线，以此类推。

图1-1-20　XH2.54接头

9. AWG硅胶线

AWG硅胶线（图1-1-21），有耐高温、线身柔软有弹性、绝缘性能好的特点，在无人机装配中常用作主电源线使用。型号根据粗细来命名，型号数越大，线越细，如26AWG（0.14 mm²）、24AWG（0.2 mm²）、22AWG（0.33 mm²）、20AWG（0.5 mm²）、18AWG（0.75 mm²）、16AWG（1.27 mm²）、14AWG（2.07 mm²）、13AWG（2.51 mm²）、12AWG（3.42 mm²）、10AWG（5.3 mm²）、8AWG（8.29 mm²）、6AWG（16.08 mm²）。

图1-1-21　AWG硅胶线

10. 热熔胶

热熔胶（图1-1-22），配合热熔胶枪使用，是一种可塑性的无毒无味的绿色环保胶粘剂，在一定温度范围内热熔胶的物理状态随温度变化而变化，而化学特性保持不变。可用于塑料、电气元配件、泡沫板的粘接等。

图1-1- 22　热熔胶

11. 纤维胶带、液体泡沫胶、双面泡沫胶

纤维胶带［图1-1-23（a）］，是固定翼无人机泡沫板常用的胶带，它的特点是便携、快速，可以在户外飞行的时候对损坏的无人机表面进行快速修补。

液体泡沫胶［图1-1-23（b）］，是一种粘接固定翼无人机泡沫板的液体胶。

双面泡沫胶［图1-1-23（c）］，用于快速粘接具有较大表面积的电子元件。

（a）纤维胶带　　　　　　（b）液体泡沫胶　　　　　　（c）双面泡沫胶

图1-1-23　粘胶

12. 尼龙扎带

尼龙扎带（图1-1-24），用于导线、零部件的一次性快速捆扎或固定。尼龙扎带具有绑扎快速、绝缘性好、自锁紧固、使用方便等特点。

13. 魔术贴、魔术扎带

魔术贴（图1-1-25），也称魔术粘、魔鬼粘、魔鬼毡、尼龙搭，是一种纤维紧固物。魔术贴通常由两条织物组成，一条表面覆有环状结构，另一条表面覆有钩状

图1-1-24　尼龙扎带

结构。当用力压紧两条织物时，钩与环结合，形成暂时紧固的状态。若希望两者分离，只需用力将其分开即可。无人机电池、U-BOX的快速装拆可使用魔术贴。

魔术扎带（图1-1-26），也称魔术贴束线带、粘扣带扎带，其原理与魔术贴原理类似。无人机电池的固定常采用魔术扎带。

图1-1-25　魔术贴

图1-1-26　魔术扎带

14. 焊锡

焊锡（图1-1-27）是焊接电子元件和导线的材料，与电烙铁配套使用。焊锡的规格主要以直径来确定。

图1-1-27　焊锡

15. 热缩管

热缩管（图1-1-28），是一种特制的聚烯烃材质热收缩套管，用于线束、焊点、电感的绝缘保护，金属管、棒的防锈、防蚀等。其具有高温收缩、柔软阻燃、绝缘防蚀功能。主要根据内孔直径和收缩率选用。

图1-1-28　热缩管

16. 螺栓、螺母、螺钉（图1-1-29）

通常，螺栓、螺母、垫圈配套使用。无人机中常使用防松螺母，防止螺母在飞行过程中因震动而松动。

螺钉可单独使用，也可和垫圈配套使用，使用时应拧入机体的内螺纹中，起到紧固或紧定作用。

（a）螺栓　　　　　　　　（b）防松螺母　　　　　　　（c）螺钉

图1-1-29　螺栓、螺母、螺钉

17. 尼龙柱、铝柱、铜柱

尼龙柱、铝柱、铜柱（图1-1-30），用于固定或隔离电路板、零部件。

尼龙柱由优质的尼龙新料加工制作而成，具有无毒、质轻、机械强度优良及耐磨性、耐腐蚀性较好等特点。

铝柱、铜柱，采用铝合金或铜制作。相对尼龙柱，铝柱、铜柱硬度更高、紧固更牢靠，但质量更大。

（a）尼龙柱　　　　　　　　（b）铝柱　　　　　　　　（c）铜柱

图1-1-30　尼龙柱、铝柱、铜柱

18. 电机座灯、尾警示灯

电机座灯、尾警示灯（图1-1-31），用于在无人机飞行中及时表示飞控锁定/解锁、左右副翼、刹车、油门、报警等状态信息，或警示以免撞机。常将高亮LED灯珠与蜂鸣器结合使用。

（a）电机座灯　　　　　　　　　（b）尾警示灯

图1-1-31　电机座灯、尾警示灯

19. 减振器

减振器（图1-1-32）用于将无人机机体与飞控、云台等零部件间的刚性连接转变为柔性连接，加速振动的衰减，减少振动带来的负面影响。减振器通常由碳纤维、玻璃纤维、减振球等组成。

图1-1-32　减振器

三、无人机机械装配工艺

（一）机械装配概述

机械装配在无人机的组装中占有比较大的比重，其装配方法是否科学，工艺是否合理，会影响无人机的气动性能、强度和可靠性。比如，对固定翼无人机来讲，机身与机翼的安装精度直接影响安装角，也会影响气动性能。各操纵舵面也属于机械装配，既要保证各操纵舵面转动灵活，又要使其连接牢靠，才能保障无人机的操纵可靠性。起落架的安装、发动机的安装、任务载荷的安装都属于机械装配，要求较高，这些安装工作，不但要保证有很好的可靠性，而且要保证有很好的对称性，同时还要保证无人机重心在设计的范围之内；无人直升机的机械装配相对更复杂，其自动倾斜器、传动系统的装配工艺和方法，都必须科学合理，才能保障无人直升机的性能满足设计要求；多旋翼无人机虽然相对简单，但其机架的组装、任务载荷的安装也属于机械装配的范畴。

装配，是指按照规定的技术要求，将若干零件接合成部件，或将若干零件和部件接合成产品的劳动过程。将若干零件接合成部件称为部件装配，将若干零件和部件接合成产品称为总装配。

无人机机械装配工艺是保证产品质量、制造准确度的重要环节，影响产品技术经济性能和产品的使用性能。无人机相较于有人机，零件数量相对较少，但装配步骤及要点基本相同。

1. 装配中的基准

基准是指确定结构件之间相对位置的一些点、线、面。装配中的基准分为设计基准及工艺基准。

设计基准，是用于确定零件外形或决定结构间相对位置的基准，如无人机对称轴线、水平基准线、弦线等。

工艺基准，是在工艺过程中使用，存在于零件、装配件上的实际具体的点、线或面，可以用来确定结构件的装配位置。其中工艺基准根据使用功能不同，又分为定位基准、装配基准和测量基准。

定位基准用来确定结构件在夹具上的相对位置，装配基准用来确定结构件间的相互位置，测量基准用来测量装配尺寸的起始位置。

2. 装配定位

装配定位，是指在装配过程中确定零件和组合件之间的相对位置。在定位后应夹紧固定，然后进行连接。

无人机装配常用的定位方法有划线定位法、基准件定位法、安装定位孔定位法和装配夹具定位法。

在定位可靠的前提下，固定翼无人机主要采用定位型架（专用工装夹具），对结构较简单的组合件或板材可采用安装定位孔定位法，对于无协调要求及对定位准确度要求不高的装配可采用划线定位法及基准件定位法，而装配夹具定位法的应用

更广泛，各种定位方法的特点可参见表1-1-2。

表1-1-2　各种定位方法的特点

类别	方法	特点	应用范围
划线定位法	1. 用通用量具和划线工具划线； 2. 用专用样板划线； 3. 用明胶模线晒相方法	1. 简便易行； 2. 装配准确度较低； 3. 工作效率低； 4. 节省工艺装备费用	1. 新机研制时尽可能采用； 2. 成批生产时，简单的、易于测量的、对准确度要求不高的零件定位； 3. 作为其他定位方法的辅助定位
基准件定位法	以产品结构件上的某些点、线来确定特装件的位置	1. 简便易行，节省工艺装备费用，装配开敞性好，协调性好； 2. 基准件必须具有较好的刚性和位置准确度	1. 有配合关系且尺寸或形状一致的零件之间的装配； 2. 与其他定位方法混合使用； 3. 刚性好的整体结构件装配
安装定位孔定位法	在相互连接的零件（组合件）上，按一定的协调路线分别制孔，装配时以对应的定位孔来确定零件（组合件）的相互位置	1. 定位迅速、方便； 2. 不用或仅用简易的工艺装备； 3. 定位准确度比装配夹具定位法低，比划线定位法高	1. 单曲度和平滑双曲线度壁板中蒙皮； 2. 内部加强件的定位； 3. 平面组合件、非外形零件的定位； 4. 组合件与组合件之间的定位
装配夹具定位法	利用型架定位确定结构件的装配位置或加工位置	1. 定位准确度高； 2. 限制装配变形或使低刚性结构件符合工艺装备要求； 3. 保证互换部件的协调； 4. 生产准备周期长	应用广泛的定位方法，能满足各类结构件的装配准确度要求

（二）装配工艺内容及规程

1. 装配工艺内容

无人机的机型和尺寸不同，其装配的复杂和难易程度有所不同，其装配的工作侧重点也有所区别，但其总体的装配工艺都包含：合理的装配单元的划分，确定装配的基准和装配定位的方法，选择保证准确度、互换性和装配协调的工艺方法，确定装配工序、装配工量具和材料、零部件与材料的配套等。

2. 装配工艺规程

装配工艺规程是指导工人对指定的装配过程进行实际操作的生产性工艺文件。装配内容是通过装配工艺规程来反映的，制定装配工艺规程应遵循以下基本原则：

（1）保证并力求提高产品质量，而且要有一定的精度储备，以延长机器使用寿命。

（2）合理安排装配工艺，尽量减少钳工装配工作量（钻、刮、锉、研等），以提高装配效率，缩短装配周期。

（3）所占工位面积尽可能小，以提高单位装配面积的生产率。

在这3条基本原则的基础上，制定装配工艺规程的步骤如下：

（1）研究产品的装配图及验收技术标准。

（2）确定产品或部件的装配方法。

（3）将产品分解为装配单元，规定合理的装配顺序。

（4）确定装配工序内容、装配规范及工夹具。

（5）编制装配工艺系统图。

（6）确定工序的时间定额。

（7）编制装配工艺卡片。

（三）装配的连接技术

无人机装配的连接技术，主要包括机械连接技术、焊接技术和胶接技术等。其中机械连接又分为铆接和螺纹连接。复合材料的连接主要应用胶接和胶螺连接，在无人直升机装配中，主要应用胶接和胶螺连接，多旋翼无人机则应用胶接及螺纹连接。

铆接，一般应用于铝合金薄壁结构中。

螺纹连接，一般应用于整体壁板和整体构件连接，重要承力部件连接及可卸连接。

焊接，一般应用于薄壁结构的连接。与胶接组成混合连接，称为胶焊。

胶接，一般应用于整体构件，用在铝合金夹层结构及复合材料上。

其中机械连接技术是应用最为广泛，也是最主要的装配手段，包括先进高效的自动连接装配技术、高效高质量的自动制孔技术、先进多功能高寿命的连接紧固系统技术、长寿命的连接技术和数字化连接装配技术等。

1．铆接

铆接是一种不可拆卸的连接形式，是近代有人机和无人机的铝合金薄壁结构中应用最广泛的连接方式。无人机目前较多使用复合材料，因此铆接方式应用较少，但也有所涉及。

2. 螺纹连接

螺纹连接是无人机装配的主要连接形式之一，具有强度高、可靠性好、构造简单、安装方便、易于拆卸的特点，常用的螺纹紧固件如图1-1-33所示。其主要应用于无人机主要承力结构部位的连接，尤其是大部件对接，如机翼与机身的对接多采用高强度的螺栓。还有一些需要经常或定期拆卸的结构的连接，如可卸壁板、口盖、封闭结构的连接，以及易损结构件的连接，如前缘、翼尖的连接，常采用托板螺母连接的方式，能很好地解决工艺性、检查维修和便于更换的问题。

（a）一字槽圆柱螺钉

（e）锥端紧定螺钉

（b）一字槽平圆头螺钉

（f）六角螺母

（c）一字槽沉头螺钉

（g）弹簧垫圈

（d）一字槽平圆头自攻螺钉

图1-1-33　常用的螺纹紧固件

3. 焊接

焊接，又称熔接、镕接，是通过加热、加压，或既加热又加压，使两种或以上材质（同种或异种）的工件产生原子或分子之间的结合和扩散，从而连接成一体的加工工艺和连接方式。

在航空工业中，焊接技术被广泛用于航空发动机结构中。在受力较大的组合件和板件连接时，焊接可部分代替铆接，如在大型固定翼无人机的机翼、机身等部位、直升机的机身结构、起落架，多旋翼无人机的机架及起落架等，都大量采用焊接技术。尤其是薄壁钣金零件常用到焊接技术，因为与铆接和胶接相比，该方式具有生产效率高且成本低的优势，并且焊接结构质量小、表面光滑，不足之处在于成品疲劳强度不如铆接，因此，连接技术要根据零件的实际连接要求合理选择。

4. 胶接

胶接是一种先进的连接方法，克服了铆接的缺点，胶接应力集中最小，疲劳强度高，因而可以减轻结构质量，密封性好，表面光滑，劳动量显著低于铆接。成品生产时，成本也低于铆接。

（1）胶接的原理。

利用胶黏剂本身产生的内聚力以及胶黏剂与被粘零件之间产生的黏附力将两个零件牢固地连接在一起。

（2）胶接的优点。

①胶接适用的范围广，可胶接不同性能、不同厚度和不同形状的材料，并可根据材料的受力特点进行结合，适用于各种不同材料的连接（金属与金属、金属与非金属）以及厚度不等的多层结构的连接。

②胶接工艺简单，设备较简单，成本低，省去钻孔、连接紧固件等工序。

③胶缝表面光滑，没有铆钉头的凸起或点焊的凹陷，结构变形较小，因而气动性能好。

④胶接所形成的胶缝是连续的，应力分布均匀，耐疲劳性较好，一般来说疲劳寿命可比铆接或点焊长10倍左右，特别适合薄片的结合。

⑤胶接兼有密封、防腐、绝缘特性。

⑥胶接有效减轻了结构质量，适合航空和航天的需要。

（3）胶接的缺点。

①胶接部件的适用温度范围相对较窄，使用温度一般能达到150 ℃左右，极少数可在200 ℃以上工作，随着温度上升，强度明显下降，耐低温在−50 ℃左右。

②胶接剥离强度差。胶接的抗拉、抗剪强度是靠整个结合面保证的，但端头局部一点或一条线受力时强度不高。

③胶黏性能稳定性较差，可靠的非破坏性检查方法有待完善。胶缝强度的稳定性差，例如胶缝的抗剪强度可能在±15%范围内变动。

④胶黏剂存在老化问题，致使胶接强度降低。在构件投入使用后受应力和环境作用，胶接接头还容易发生腐蚀、分层破坏，暴露了胶接结构不耐久的致命弱点。

⑤胶接过程中影响胶接性能的因素较多，易产生胶接缺陷。

⑥胶接维修困难，因此耐久胶接结构已明显成为未来的发展趋势。

（四）复合材料连接技术

1. 复合材料基础

复合材料，是由有机高分子、无机非金属或金属等几类不同材料通过复合工艺组合而成的新型材料，它既能保留原组分材料的主要特点，又能通过复合效应获得原组分所不具备的性能。可以通过材料设计使各组分的性能互相补充并且彼此关联，从而获得新的优越性能，与一般材料的简单混合有本质区别。

复合材料中存在两种或两种以上的物理相，可以是连续的，也可以是不连续的。其中连续的物理相被称为基体材料，而不连续的物理相以独立的形式分散在连续的基体中，即分散相，如果它对材料起到增强作用，则被称为增强材料。

复合材料的优点是比强度和比模量高、耐疲劳性能好、减振性好、过载时安全性好、耐热性能好、各向异性及性能可设计性好、工艺性好。

但是，复合材料也有不足之处：制备工艺复杂，材料性能受制备工艺影响大，而且制备方法在不同材料之间常常不通用，且当前复合材料的性能仍远远低于计算值；纤维与基体组成的复合材料，微观结构不均匀，易在薄弱处发生破坏；层间剪切强度和横向强度低；抗冲击性差；长期耐高温及耐老化性能差；工艺质量不够稳定，材料性能的分散性大；价格过高；等等。

2. 复合材料的连接技术

先进复合材料技术的实际应用在飞行器设计与制造中具有重要的地位。这是因为复合材料的许多优异性能，如比强度和比模量高，优良的抗疲劳性能，以及独特的材料可设计性等，都是飞行器结构需要的理想性能。众所周知，高性能飞行器要求结构质量轻，从而减少燃料消耗，延长留空时间，飞得更高、更快或具有更好的机动性；也可以安装更多的设备，提高飞行器的综合性能，减轻结构的质量，可大大节约无人机的使用成本，取得明显的经济效益。

越来越多的飞行器结构和部件将采用最新一代的碳质复合材料和先进的金属材料制造，它们除了比传统材料轻之外，还在使用可靠性、维护性和修理方便性等方面有很大优势。复合材料在无人机上的应用率占一半或以上，有的无人机机身全部采用复合材料。

（1）复合材料的机械连接。

复合材料在应用过程中，常常需要进行机械加工，并与其他材料或同类材料进行连接。和金属结构相比，连接是复合材料结构的薄弱环节。据统计，航空航天飞行器有60%～70%的破坏都发生在连接部位。因此，设计人员要尽可能避免使用连接。

在复合材料机械连接中常采用铆接（即铆钉连接）和螺纹连接。一般铆钉适用于连接厚度达3.0 mm的层合板。采用铆接时，注意不要造成层合板钉孔边的过量损伤，因为这种损伤会削弱接头。一般只在复合材料与金属传载的接头上才允许采用铆接。螺纹连接中，紧固件的材料应按照与结合处所使用的复合材料相匹配的原则来选择。

（2）复合材料的胶接。

胶接是复合材料飞行器构件的主要连接方法之一。它和机械连接不同，不需要连接件，只需要用胶黏剂将若干零件连接成一个具有一定承载能力的整体构件，而相互连接的零件之间的应力传递要靠胶黏剂来完成。胶接适用于连接先进纤维复合材料和金属。基本胶接接头有单搭接头、双搭接头、单嵌接接头、双嵌接接头、台阶型接头、双台阶型接头等。为了使制造成本最低，应选择能给出所需强度的最简单的接头形式。

四、无人机电气安装工艺

（一）电气安装概述

电气安装主要是对一系列电子元器件组成的各种电路的安装组合。电气安装分为4个级别：

（1）元件级安装，指电路元器件、集成电路的安装，是最低的安装级别。

（2）插件级安装，用于安装和互连电子元器件。

（3）插箱板级安装，用于安装和互连插件或印制电路板部件。

（4）箱柜级安装，主要通过电缆及连接器互连插件和插箱，并通过电源电缆送电构成独立的具有一定功能的电子仪器、设备和系统。

无人机电气系统包括电源、配电系统和用电设备3个部分，其中电源和配电系统统称供电系统。供电系统的功能是向无人机各用电设备提供满足预定设计要求的电能。

无人机电气安装主要指箱柜级安装，其安装应遵循先轻后重、先铆后装、先里后外、先低后高、先小后大、先装后焊、先平后高、先装后连、上道工序不影响下道工序的总体原则。具体要求如下：

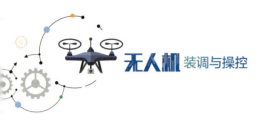
（1）安装前，需要对安装材料、元器件、零部件进行检查或测试，确认合格后方可使用。

（2）安装件的方向、位置应正确，连接应牢固可靠。

（3）元器件的绝缘性不能被破坏，机架及元器件的涂覆层不能被碰坏。

（4）焊件引出线、导线芯线和导线接头，应采用插接、搭接或绕接等方式固定。

（5）元器件引出线、裸导线不应有切痕或钳伤。

（6）引线上的绝缘套管，其长度和尺寸应适当。

（7）多股导线的芯线加工后不应有断股现象存在。

（8）严格遵守安装的顺序要求，注意前后工序的衔接。

（二）端接技术

端接是指电连接器的接触对与电线或电缆的连接。合理选择端接方式和正确使用端接技术非常重要。常见的端接方式有焊接、压接、绕接、刺破接连、螺钉连接等。

1. 焊接

焊接，是指在焊锡材料与被焊接表面之间应形成金属的连续性，满足机械连接和电气连接两个目的，其中，机械连接起固定作用，电气连接起电气导通作用。焊锡材料一般由锡铅合金焊料（锡和铅两种金属按一定比例融合）、助焊剂（松香等）、阻焊剂等组成。

锡焊是无人机装调检修中最常用的焊接方法，其原理是通过加热的电烙铁将固态焊锡丝加热熔化，再借助助焊剂使其流入被焊金属之间，待冷却后形成牢固可靠的焊接点。锡焊是通过润湿、扩散和冶金这三个物理化学过程来完成的，被焊金属未受任何损伤。

电烙铁的握法有反握法、正握法、握笔法等三种，如图1-1-34所示。

（a）反握法　　　　（b）正握法　　　　（c）握笔法

图1-1-34　电烙铁握法

焊锡丝的拿法有连续锡丝拿法、断续锡丝拿法两种，如图1-1-35所示。

（a）连续锡丝拿法

（b）断续焊丝拿法

图1-1-35　焊锡丝拿法

焊接五步法为准备施焊、加热焊锡、熔化焊锡、移开焊锡、移开烙铁五步法，如图1-1-36所示。

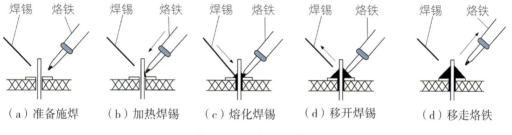

（a）准备施焊　　　（b）加热焊锡　　　（c）熔化焊锡　　　（d）移开焊锡　　　（d）移走烙铁

图1-1-36　焊锡五步法

2. 压接

压接（图1-1-37），是指在规定的限度内压缩和移动导线并将其连接到接触对上的一种端接技术。好的压接能产生金属互熔流动，使导线和接触对材料对称变形。压接能得到较好的机械强度和电连续性，并能承受更恶劣的环境条件，尤其是在大电流场合使用较多。

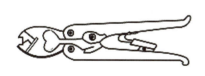
（a）手动压接钳外形图

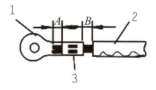
1—压接端子；2—导线；3—压窝在中间
（b）导线与压接端子压接示意图

图1-1-37　压接

3. 绕接

绕接（图1-1-38），是指将导线直接缠绕在带棱角的接触件绕接柱上。绕接时，导线在张力受到控制的情况下进行缠绕，压入并固定在接触件绕接柱的棱角处，以

形成气密性接触。绕接的工具包括绕接枪和固定式绕接机。

4. 刺破接连

刺破连接，又称绝缘位移连接，适用于带状电缆的连接。连接时不需要剥去电缆的绝缘层，依靠连接器的"U"字形接触簧片的尖端刺入绝缘层中，使电缆的导体滑进接触簧片的槽中并被夹持住，从而使电缆导体和连接器簧片之间形成紧密的电气连接，该方式具有可靠性强、成本低、使用方便等特点。

（a）电动型绕接枪

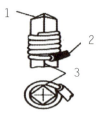

1—有棱边接线端子；2—导线绝缘层部分；3—棱边

（b）绕接示意图

图1-1-38　绕接

5. 螺钉连接

螺钉连接，是指采用螺钉式接线端子的连接方式。要注意允许连接导线的最大和最小截面及不同规格螺钉允许的最大拧紧力矩。

（三）焊接工艺

1. 焊接顺序与安全

元器件的装焊顺序遵循先低后高、先轻后重、先耐热后不耐热的总体原则。具体可按电阻器、电容器、二极管、晶体管、集成电路、大功率管等顺序进行焊接。由于焊锡丝中含有对人体有害的重金属铅，因此操作时应戴手套或操作后洗手，避免食入，同时鼻孔应距离电烙铁不小于30 cm或配置抽风吸烟罩。

另外，电烙铁高温，要配置烙铁架并放置于工作台右前方，防止烫伤。

2. 元器件焊接工艺

焊接前需要对元器件的引线进行整形，如图1-1-39所示，工艺要求如下：

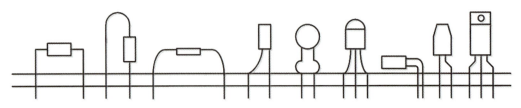

图1-1-39　元器件引线整形示意图

（1）元器件本体不应产生破裂。

（2）元器件表面封装不应损坏或开裂。

（3）元器件引线弯曲部分不允许出现模印、压痕和裂纹。

（4）元器件引线成形尺寸应符合安装尺寸要求。

（5）元器件引线成形后，其型号、规格、标志符号应向上、向外，方向一致，以便于目视识别。

（6）元器件引线弯曲处要有圆弧形，其半径不得小于引线直径的2倍。

（7）元器件引线弯曲处距离元器件封装根部至少2.0 mm。

焊接前需要对元器件进行镀锡处理，以提高焊接的质量和速度。按要求镀锡后，元器件的镀层表面均匀光亮，且无明显凹凸点。

3. 导线焊接工艺

（1）导线与接线端子的焊接。

导线与接线端子的焊接有3种基本形式：绕焊、钩焊和搭焊，如图1-1-40所示。

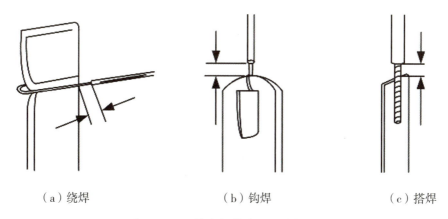

（a）绕焊　　　　　　　（b）钩焊　　　　　　　（c）搭焊

图1-1-40　导线与接线端子的焊接

绕焊：将已挂锡的导线头在接线端子上缠几圈，用钳子拉紧缠牢后进行焊接。注意导线一定要紧贴端子表面，导线的绝缘层不能接触端子，绝缘皮离焊点1～3 mm为宜，此种连接可靠性最好。

钩焊：将导线端子弯成钩形，钩在接线端子孔内，用钳子夹紧后进行焊接。此种焊接方法强度低于绕焊，但操作较简便。

搭焊：把已挂锡的导线头直接搭到接线端子上进行施焊。这种焊接方法方便，但强度可靠性最差，一般用于临时焊接或不便于缠、钩的地方。

（2）导线与导线之间的焊接。

导线与导线之间的焊接以绕焊为主，操作步骤为：首先将导线去掉一定长度的绝缘皮；然后给导线头挂锡并套上适合的套管；接着将两根导线绞合，施焊；最后趁热套上套管，确保冷却后套管固定在焊接头处，操作过程如图1-1-41所示。

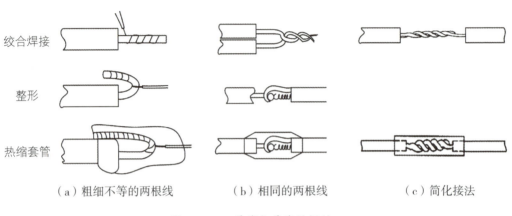

（a）粗细不等的两根线　　　（b）相同的两根线　　　（c）简化接法

图1-1-41　导线与导线的焊接

4. 焊点质量要求

焊点质量基本要求如下：

（1）电气连接可靠。焊点应保证足够的接触面积、足够的厚度，使之具有可靠的电气连接性能，应避免出现虚焊、桥接及脱焊等现象。

（2）机械强度足够。焊接在保证电气连接的同时，还起到固定元器件即机械连接的作用，这就要求焊点也要保证足够的机械强度。机械强度与焊料用量有直接关系，但是不能一味地增加焊料，以免导致虚焊、桥接短路的故障，因此，焊接过程中应选择合适的焊料，控制焊料用量及选择合适的焊点形式。

（3）外观平整光洁。良好的焊点的焊料用量应适当，外观有光泽、明亮、清洁及平滑，没有桥接和拉尖的现象。一个合格的焊点从外观上看，必须满足：①形状以焊点的中心为界，左右对称，呈半弓形凹面；②焊料用量均匀适当，表面光亮平滑，无毛刺和针孔。如图1-1-42所示。

图1-1-42　合格的焊点形状

焊点质量检查方法与内容如下：

（1）目视检查：根据装配图纸检查是否有漏焊；焊点的外观是否平整光洁；焊点的周围是否残留焊剂；有没有连焊，焊盘有没有滑动脱落；焊点有没有裂纹或拉尖现象。

（2）手触检查：触摸或轻轻摇动元器件，检查焊点是否存在松动、焊接不牢和脱落现象。也可尝试用镊子夹住元器件引线轻轻拉动，看有无松动的现象。

（3）通电检查：外观检查确定连线正确后方可通电检查。通电检查是检验电路性能的关键，可检查出许多微小的缺陷，如用目视和手触检查不到的电路桥接、内部虚焊等。

5. 焊点常见缺陷

造成焊接缺陷的原因很多，表1-1-3列出了焊点常见缺陷及其外观特点、危害、产生的原因，供焊点检查时参考。

表1-1-3　焊点常见缺陷

焊点缺陷	外观特点	危害	原因分析
虚焊	焊锡与元器件引线或与铜箔之间有明显黑色界线，焊锡向界线凹陷	不能正常工作	1. 元器件引线未清洁好，未镀好锡或锡被氧化； 2. 印制板未清洁好，喷涂的助焊剂质量不好
焊料堆积	焊点结构松散、呈白色、无光泽，蔓延不良接触角大，为70°～90°，呈不规则状	机械强度不足，可能虚焊	1. 焊料质量不好； 2. 焊接温度不够； 3. 焊锡未凝固时，元器件引线松动
焊料过少	焊接面积小于焊盘的75%，焊料未形成平滑的过渡面	机械强度不足	1. 焊锡流动性差或焊丝撤离过早； 2. 助焊剂不足； 3. 焊接时间太短
焊料过多	焊料面呈凸形	浪费焊料，且可能包藏缺陷	焊丝撤离过迟

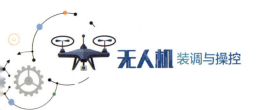

（续表）

焊点缺陷	外观特点	危害	原因分析
松香夹渣	焊缝中夹有松香渣	强度不足，导通不良，有可能时通时断	1. 焊剂过多或已失效； 2. 焊接时间不足，加热不足； 3. 表面氧化膜未去除
过热	焊点发白，无金属光泽，表面较粗糙	焊盘容易剥落，强度降低	烙铁功率过大，加热时间过长
冷焊	表面有豆腐渣状颗粒，有时可能有裂纹	强度低，导电性不好	焊料未凝固时焊件抖动
浸润不良	焊料与焊件交界面接触过大，不平滑	强度低，不导通或时通时断	1. 焊料清理不干净； 2. 助焊剂不足或质量差； 3. 焊件未充分加热
不对称	焊锡未流满焊盘	强度不足	1. 焊料流动性不好； 2. 助焊剂不足或质量差； 3. 加热不足
松动	导线或元器件引线可能移动	导通不良或者不导通	1. 焊锡未凝固时引线移动造成空隙； 2. 引线未处理（浸润差或不浸润）
拉尖	出现尖端	外观不佳，容易造成桥接现象	烙铁不洁，或烙铁移开过快使焊处未达焊锡温度，移出时焊锡粘上烙铁而形成拉尖
桥接	相邻导线连接	电气短路	1. 焊锡过多； 2. 电烙铁撤离角度不当

（续表）

焊点缺陷	外观特点	危害	原因分析
焊锡短路	焊锡过多，与相邻焊点连锡短路	电气短路	1. 焊接方法不正确； 2. 焊锡过多
焊点剥落	焊点从铜箔上剥落（不是铜箔与印制板剥离）	断路	焊盘上金属镀层不良

（四）布线工艺

1. 导线选用原则

电连接器与元器件、元器件之间的连接主要依靠导线，常用的导线包括裸线、电磁线、绝缘电线电缆和通信电缆四种。

导线选用主要考虑的因素是电流，电流决定了导线芯线截面积，同时还要考虑使用不同颜色的导线区分电路性质和功能，以减少接线的错误。导线选用一般遵循以下三个原则。

（1）近距离和小负荷按发热条件选择导线截面（安全载流量），用导线的发热条件控制电流，截面积越小，散热越好，单位面积内通过的电流越大。

（2）远距离和中等负荷在安全载流量的基础上，按电压损失条件选择导线截面，远距离和中负荷仅仅不发热是不够的，还要考虑电压损失，要保证到负荷点的电压在合格范围内，电气设备才能正常工作。

（3）大负荷在安全载流量和电压降合格的基础上，按经济电流密度选择，就是还要考虑电能损失，电能损失和资金投入要控制在最合理的范围内。

2. 导线布线工艺

电气布线主要在无人机机身内部，布线必须遵守相关原则，以免导线互相干扰，尤其是小微型无人机内部空间较小，更应注意以下布线原则和工艺。

（1）选择最短的布线距离，但连接时导线不能拉得太紧。

（2）不同种类的导线应避免相互干扰和寄生耦合。

（3）导线应远离发热元器件，不能在元器件上方近距离走线。

（4）电源线不能与信号线平行。

（5）理线应保持方向一致、美观，扎线应扎紧，并且扎带之间保持一定的间距，所有线材都应尽量困扎在扎带内，扎结朝向一致。

任务考核

　　某培训机构对一批学员开展无人机装调检修工业务规范和专业技能基本功培训，培训结束后需要对培训内容的效果进行考核演练，内容如下：

① 无人机装调常用工具的使用演练；

② 无人机装调常用材料的使用演练；

③ 无人机机械装配工艺的使用演练；

④ 无人机电气安装工艺的使用演练。

　　通过考核演练，达到巩固培训内容和检验培训效果的目的。

 **穿越机的组装与调试**

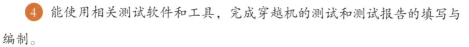 **学习目标**

① 能根据产品性能要求、功能要求和应用需求，查阅相关资料，完成穿越机的配置选型。

② 能根据装配图、手册等资料，遵循机械装配工艺和电气安装工艺要求，使用装调工具完成穿越机的装配。

③ 能使用相关调试软件和工具，完成穿越机的调试。

④ 能使用相关测试软件和工具，完成穿越机的测试和测试报告的填写与编制。

 任务描述

某航空联合会组织一场无人机锦标赛，需参赛队员组装一架穿越机进行比赛，穿越机性能要求如下：

（1）穿越机轴距小于250 mm。

（2）包括电池和所有机载装置在内的总质量不得超过1.5 kg。

（3）电机的最大允许电压为17.0 V（电芯数6S）。

（4）螺旋桨最大直径为5 in（1 in=25.4 mm），禁止使用纯金属螺旋桨，禁止使用任何螺旋桨保护装置。

（5）无线电遥控设备采用2.4 GHz扩频技术。

（6）机载摄像机应采用PAL（Phase Alteration Line，电视广播制式）编码格式。

（7）视频发射机采用5.8 GHz频段。

（8）遥控器接收机通信良好，且飞行模式至少包含一个手动模式。

（9）航时5~10 min。

（10）图传系统通信良好，画面清晰。

请根据以上要求，完成穿越机的配置选型、组装、调试和测试。

一、穿越机简介

穿越机是一种体积小巧、灵活机动、能瞬间爆发高速的多旋翼无人机。穿越机与市场广泛使用的航拍无人机相比，一般具有如下明显特点：

（1）机身体积小。市场主流机身轴距在250 mm及以下，其搭配的桨叶以5 in为主。

（2）飞行速度快。穿越机的最高时速可达230 km，1 s内可以从1 km加速到100 km。与之相比，普通消费级无人机速度相对较慢，以大疆系列无人机为例，最慢的为晓Spark无人机，最大水平飞行速度为50 km/h，最快的为Inspire 2无人机，最大水平飞行速度为94 km/h。

（3）灵活机动性强。与普通的消费级无人机相比，穿越机追求机动灵活，飞行时无拘无束，因而不具备GPS（Global Positioning System，全球定位系统），甚至未开启完整的飞控系统，无法完成自主避障和飞行姿态控制。穿越机飞行以手动飞行为主，十分考验飞手的操控能力。

（4）航时有限。为了保证机动性和小机身，穿越机无法搭载大容量、大体积电池，而且为了实现高速飞行，电池电力的消耗较快。目前一般穿越机的航时在10 min以内。

二、穿越机的配置选型

（一）穿越机配置选型原则

根据穿越机的特点，其配置选型如表1-2-1所示。

表1-2-1　穿越机的配置选型

项目		类型与特点	选型
大类	小类		
布局结构	机身布局	I型、X型。X型机动性更强，且前视相机的视场角不容易被遮挡	多采用X型
	机体尺寸	减小多旋翼机体尺寸对惯性、有效负载有很大的影响，并最终影响最大角加速度和线加速度。通常尺寸越大，机动性越差	通常轴距在250 mm以下
	飞行控制系统（自驾仪）位置	飞行控制系统（自驾仪）偏离重心位置较远时会产生离心加速度和切向加速度，引起加速度计的测量误差，即"杆臂效应"	尽量位于重心位置附近
	机体结构	1. 刚度、强度满足负载要求，不晃动、不弯曲； 2. 质量尽量轻； 3. 合适的长宽高比，轴间距、结构布局适宜	多采用碳纤维机身
动力系统	锂聚合物电池	关键参数：电压、电量、电芯数、充/放电倍率	电量在2000 mAh以下，放电倍率在30 C以上，电芯数3S或以上
	无刷电机	关键参数：KV值、电机尺寸	根据推力匹配参数
	电子调速器（电调）	关键参数：电流、电压	40 A以上，参数需与电机匹配
	固定桨距螺旋桨	关键参数：尺寸、桨距、材质、是否可折叠	以塑料桨、二叶桨或三叶桨为主，不可折叠
飞行控制系统	—	1. 开源飞控：可定制开发，功能强大； 2. 闭源商品飞控：满足特定功能，稳定性高，使用简单	以开源飞控为主
通信系统	遥控器和接收机	关键参数：通道数、通信距离、摇杆	通道数为6～9，通信距离在1 km左右
	无线数据传输系统（无线数传）、无线图像传输系统（无线图传）	关键参数：工作频率、传输功率、最大信号有效距离、通信速率、频道带宽、接收灵敏度	数传常用2.4 GHz频段，图传常用5.8 GHz频段

（二）穿越机配置选型案例

1. 机架选型

穿越机的机架选型一般从材料、旋翼数和轴距三方面考虑。

（1）材料。

穿越机的机架材料主要有塑料、玻璃纤维和碳纤维几种，如表1-2-2所示。

表1-2-2　机架材料对比

材料	硬度	质量	抗摔性	价格	应用范围
塑料	小	轻	中	低	适合初学者
玻璃纤维	中	重	差	中	进阶训练
碳纤维	大	中	好	高	专业应用

根据三种材料的对比，结合穿越机体积小、速度快的整体性能，穿越机的机架材料首选碳纤维。

（2）旋翼数。

多旋翼无人机按旋翼数分为三旋翼、四旋翼、六旋翼和八旋翼等，如表1-2-3所示。

表1-2-3　旋翼数对比

旋翼数	稳定性	质量	续航能力	价格	安全冗余性	操控难度
三旋翼	差	轻	好	低	差	高
四旋翼	中	中	中	中	中	低
六、八旋翼	好	重	差	高	好	中

根据表中旋翼数的性能对比，结合穿越机体积小、灵活机动的整体性能，穿越机的机架旋翼数首选四旋翼。

（3）轴距。

多旋翼无人机的尺寸常以轴距来定义。轴距是指机架对角线上电机的轴距，一般以mm为单位，如表1-2-4所示。

表1-2-4　轴距对比

轴距	稳定性	灵活性	操控性	价格	起飞质量	可扩展性
280 mm以下	差	好	差	低	小	低
330～600 mm	中	中	中	中	中	中
600 mm以上	好	差	好	高	大	高

从表中轴距的性能对比可以看出，280 mm以下轴距适合穿越机。然后根据飞行场地，选择合适尺寸的机架。一般在室内飞行，穿越机选择150 mm以下的轴距。

2. 动力系统选型

（1）电机选型。

①KV值。

KV值是指每增加1 V电压，电机每分钟增加的空转转速。例如KV1200指的是外部输入电压1 V，电机每分钟空转为1200转；如果外部输入电压10 V，电机空转速度就是每分钟12000转。一般KV值越大，电机转速越快，只能匹配尺寸小一点的桨叶。电机转速越快，电机的震动越强烈；桨叶小，效率也会降低。所以追求稳定的穿越机尽量选择低KV值的电机。

②尺寸。

常见的无刷电机参数除了KV值，还有尺寸。例如2212、3508这些四位数字表示的就是电机的尺寸，前两位表示无刷电机的定子直径，后两位表示定子高度，以mm为单位。从外观能明显看出不同尺寸电机的区别，前两位数字越大，电机越粗，后两位数字越大，电机越高。同样高度的情况下，越粗的电机转速越慢，一般搭配的桨叶直径越大。

就无刷电机而言，在电流、功率等参数相同的情况下，大直径、小长度的电机往往比小直径、大长度的电机具备更好的散热能力。同时电机直径的增大会使其产生的扭矩变大，有助于提高驱动效率，但启动和加速性能会稍微降低。

③力效。

电机的效率标注方式是g/W。电机的推力等于力效和功率的乘积，功率又等于电压和电流的乘积，所以理论上，电机的推力是当前电压、当前电流和力效的乘积。电机的力效具体数值需要查看电机参数表。一般当电流为3～5 A时，电机的力效是最高的。

查到力效的具体数值后，就可以求出电机的推力。根据穿越机上所有电机总推力可以求出起飞质量的最大值。一般考虑穿越机前进后退、左右翻滚等特殊动作和风力等外界因素，最佳起飞质量不超过总推力的2/5。某品牌电机的参数表显示了该电机的KV值、桨叶选型、油门点、拉力、电压、电流、转速、功率、力效和电机温度等参数，如表1-2-5所示。

表1-2-5　电机参数表

型号	桨	油门点	拉力/g	电压/V	电流/A	转速/rpm	功率/W	力效/(g/W)	电机温度
KV2350	DAL5045三叶桨	55%	621	15.93	11.90	17480	189.57	3.27	75.6 ℃（环境温度：12.3 ℃）
		65%	802	15.88	17.10	19301	271.55	2.95	
		75%	981	15.78	23.15	20893	365.31	2.68	
		85%	1150	15.63	19.39	23283	459.29	2.50	
		90%	1231	15.54	34.25	24103	532.25	2.31	
		95%	1301	15.42	39.45	24963	608.32	2.14	
		100%	1421	15.32	45.60	26023	713.91	1.99	

（2）电调选型。

①结构。

目前市面上常见的电调结构主要有BEC（Battery Elimination Circuit，免电池电路）电调、普通的ESC和四合一电调。BEC一般体积较大。穿越机的电调一般用非BEC的微小型电调或者四合一电调。四合一电调是把四个电调集成在一块电路板上，具有体积小、质量轻、外形美观、安装方便的特点，但是价格和损坏率相对较高。

②固件。

最古老的两种开源电调固件分别是SimonK和BLHeli。SimonK已经过时，不再更新。BLHeli功能强大并且用户体验很好，现在已经出现第二代的BLHeli_S和第三代的BLHeli_32。

③协议。

电调协议体现了飞控和电调之间的通信速度。目前无人机搭配的电调所使用的协议主要有两大类。

第一类是PWM、OneShot、Multishot，这一类通过识别电子脉冲宽度来传递信号，易受到外部条件的干扰。

第二类是DShot，是一种数字协议，信号传递更快、更精准。例如常见的DShot150和DShot300，数字代表的是控制频率，这个控制频率越高，电调对飞控传来的信号识别就越及时。

④匹配关系。

电调的选型还要和电机搭配，电调、电机之间的相互配型关系是：

第一，电调最大电流≥电机最大电流/最高承载电流，否则电机发挥不了最高性能。

第二，电调最大电压≤电机最大电压/最高承载电压，否则电机会烧坏。

通常，应保证电调稳定持续输出电流尽量大于电机的工作电流，避免出现电调持续高负荷运转以致损毁的情况。

如X4112S KV340电机的最大连续电流为30 A/30 s（30 A电流持续时间不超过30 s），综合考虑电调的性能及成本，可选取电调的参数为：持续输出电流40 A，瞬间最大电流60 A。

（3）电池选型。

①容量。

穿越机的电池主要为锂聚合物电池，其容量用数字加上单位mAh来表示。例如2200 mAh表示以2.2 A的电流可以持续放电1 h。实际放电时间受环境等因素影响，参考电池厂家提供的相关技术参数。穿越机常用1500～1800 mAh的电池，可以飞5～8 min。选择容量更大的电池，其起飞质量也会增大，影响持续飞行时间。

②充/放电倍率。

充/放电倍率是用数字加上单位C表示电池充/放电能力的参数。电池的最大持续电流是电池容量和放电倍率的乘积。所以，放电倍率越大，最大持续电流就越大，动力也越足。例如容量为2200 mAh、放电倍率为30 C的电池，其最大放电电流为66 A。目前市场上的锂聚合物电池的充电倍率通常为5 C，实际充电时采用1 C左右的倍率；放电倍率一般为25～75 C，最大能达到100 C以上。

③电芯串联数。

一般锂电池的单片电芯的电压范围是3.7～4.2 V，总的电压就是串联数和单片电压的乘积。锂电池的串联电芯数越多，电量越多，穿越机的飞行时间会越长。

对于穿越机的电池，新手可以从3S入手练习，4S可以中规中矩飞行，飞行要求较高的可以选6S。

（4）桨叶选型。

①桨叶尺寸。

桨叶尺寸通常由四位数字表示，前两位表示桨叶的长度，后两位表示桨叶的螺距，单位为in。比如1045表示桨叶长10 in，螺距为45 in。

螺距和桨叶的倾斜角度有关，角度越大，螺距越大。高螺距会产生更大的总推

力和顶端速度，以及更小的低端扭矩。低螺距会产生较小的总推力和顶端速度，以及更大的低端扭矩。但是更大的低端扭矩能更加容易地使飞机快速响应从而改变方向。

②桨叶配置。

桨叶配置是指螺旋桨上单个桨叶的数量。常见有单桨、二叶桨、三叶桨和四叶桨。单桨常用于竞速穿越机，能避免被前叶尾流干扰，效率最佳，但是平衡较差。二叶桨是最常见的，效率比单桨差，平衡性比单桨好。三叶桨效率比二叶桨高，平衡性介于单桨与二叶桨之间，而且能有效减少震动噪声，但是价格较高。四叶桨多用于仿真机和直升机。

穿越机常用二叶桨和三叶桨。三叶桨效果最好，二叶桨经济且效果有保障。

③桨叶材质。

桨叶材质对其效率和声音等属性有重大影响。桨叶材质有木材、塑料、玻璃纤维和碳纤维等。

木桨具有质量轻、易加工、价格低廉、制作工艺烦琐、成品精度低、抗震性良好等特点。

塑料桨具有易加工、价格低廉、模具加工精度高、质量轻、强度低和易折断等特点。

玻纤桨具有机械强度和弹性系数高、价格低廉、质地脆和耐磨性差等特点。

碳纤桨具有质量轻、抗张强度高、耐摩擦、加工难度高、成本高和抗震性好等特点。

穿越机的桨叶常选用塑料桨，经济实惠，质量相对最轻且不易折断。

3. 飞行控制系统选型

市场上常见的穿越机飞行控制系统（简称飞控）有CC3D、Naze32、乐迪Mini PIX、SPRacingF3等类型。

（1）CC3D。

CC3D飞控在早期应用广泛，功能相对完备，应用于四旋翼、固定翼、直升机等机型，软、硬件设计巧妙，简单的架构能实现基本的无人机姿态控制。但是随着技术的进步，其价格一跌再跌，逐步淡出市场。

（2）Naze32。

Naze32飞控是一款专为小型四旋翼设计和开发的飞控。Naze32和CC3D飞控均使用32位处理器，整体性能相似，但是Naze32在国内市场上的价格比CC3D高，所以Naze32在国外应用较多，国内比较少见。两者的调试软件也有所区别，Naze32用Baseflight和Cleanflight调试，CC3D用Cleanflight和OpenPilot调试。

（3）乐迪Mini PIX。

乐迪Mini PIX是基于Pixhawk开源飞控进行优化设计的一款飞控，可支持三至六旋翼、固定翼、直升机等机型。乐迪Mini PIX保留了Pixhawk的完整功能，性能优良，同时采用F4飞控的尺寸，体积缩小到39 mm × 39 mm × 12 mm，可应用于穿越机。但是其价格远高于F4飞控。

（4）SPRacingF3。

SPRacingF3（简称F3）飞控是一款专门为穿越机设计和开发的飞控系统。功能完备，可设置参数较多，性能稳定，简单调试即可上手。F3飞控也支持三轴、四轴、六轴、八轴、固定翼飞机等多种飞行器，但是很少用于这些机型。

随着技术的发展，F3飞控在功能上不断升级完善，出现了F4飞控和F7飞控。F4和F7的全称根据不同生产厂家而有所不同，但是同类型的飞控在性能上基本相似。

F3、F4和F7飞控的主要区别在于芯片的处理速度、串口数量、反相器和OSD（On-Screen Display，屏幕菜单式调节方式）这几个方面，例如在处理速度上，F3飞控是72 MHz，F4飞控是168 MHz，F7飞控是216 MHz。

4. 其他零部件或子系统选型

（1）遥控器和接收机选型。

一般遥控器和接收机在出厂时就已经是配好的一对，无法与其他品牌相互调换。目前市场上的遥控器的传输频率都是2.4 GHz频段，传输距离在1 km左右。要获得更远的传输距离，就要选择低频率的遥控器。

①通信协议。

常见的通信协议有PWM、PPM、SBUS和XBUS。

PWM协议模式下，遥控器输出多少个通道的信号，接收机和飞控之间就需要接多少组线。PPM协议模式下，在一个周期内发送所有通道的信号，飞控自行区分各个通道的信号。SBUS是串口通信，在此协议模式下，每11个比特位表示一个通道的数值，只需接一组线。XBUS是串口通信，此通信协议支持18个通道，只需接一组线。

②通道数量。

遥控器最少包含油门、航向、滚转、俯仰4个主动作的4个通道。一般还会加上解锁通道、飞行模式通道以及其他负载的通道设置。例如对应云台控制的通道，对应照相机快门控制的通道等。

穿越机的遥控器通道数一般多于6个。

（2）图传选型。

图传设备由图像采集端、图像发射端、图像接收端和图像显示端组成。图像采集端接收外界画面，画面通过图像发射端转换成电信号，发射出去，由图像接收端接收信号，通过图像显示端转换成图像展示出来。

①图像采集端。

图像采集端主要有小型摄像头、运动相机和单反相机3种常见设备。摄像头小巧轻便，结构简单，但是无法存储影像，只能通过无线实时传输，所以画质也一般。小型摄像头和穿越机组合是绝佳搭配。运动相机结合云台专为捕捉运动场景而生，具有体积小、能拍照录像、带存储功能、自带电源、方便携带的特点。单反相机功能强大、质量较重、能拍照录像、带存储功能、自带电源、价格相对较高，但是拍摄的画质清晰。

②图像发射端和接收端。

图传发射的信号频率一般是5.8 GHz频段，意思是信号频率在5.8 GHz频段附近传输，图传设备有可调开关，避免多个图传信号串频。

图传信号有数字信号和模拟信号之分，两者带给人的直观感受是不同的。数字图传的图像更清晰，棱角分明。模拟图传的画面比较柔和，清晰度不及数字图传。但是模拟图传价格比数字图传便宜很多。目前市场上数字图传以大疆的数字图传系统为代表，如图1-2-1所示为大疆FPV套装。

图1-2-1　大疆FPV套装

③图像显示端。

图像显示端的主要设备有显示屏和视频眼镜两种。显示屏可以供多人观看，视频眼镜适合一个人使用。显示屏可以用支架支撑，视频眼镜直接戴在头上。

④天线。

天线在图传的工作过程中是必不可少的。有些天线是外置可选配，有些天线是集成在图像发射端和接收端中。一般常见的天线分为全向天线、蘑菇头天线和平板天线等。

全向天线，常见的鞭状天线就是其中的一种。它的信号发射和接收是垂直于自身的，一般将两根鞭状天线相互垂直放置增大信号范围。

蘑菇头天线的内部是三叶草或四叶草形状，发射端用三叶草形状的蘑菇头天线，接收端用四叶草形状的蘑菇头天线。

平板天线是一种信号指向性很强的天线。平板天线体积小，质量轻。

一般穿越机的天线选用一个全向天线和一个定向天线，既不会丢失信号，又能通过调整方向获取最佳信号。

三、穿越机的组装

穿越机的组装总体原则、组装流程、组装工艺，可参见前述"任务一　无人机组装与调试基础"。

四、穿越机的调试

（一）调试软件

穿越机的飞控主要采用开源飞控，常见的F系列飞控的调试软件均可用Betaflight Configurator。穿越机的电调可用BLHeliSuite32软件进行调试。

（1）Betaflight Configurator软件。

Betaflight Configurator起源于Baseflight和Cleanflight，是一种开源软件，支持市场上几乎所有具有至少STM32F4处理器的飞行控制器，可跨平台使用，在Windows、Mac OS、Linux和Android上均可运行。Betaflight Configurator固件支持所有主要的遥控器类型，例如FrSky，Graupner和FlySky，同时支持PWM、OneShot、MultiShot、DShot甚至ProShot的电调协议。

Betaflight Configurator软件主要调试的内容有：固件烧写、加速度计和电子罗盘校准、端口设置、PID（Proportion Integration Differentiation，比例、积分、微分）调试、

接收机调试、飞行模式设置和电机调试等。

（2）BLHeliSuite32软件。

BLHeliSuite32是一款专业的调试电调的软件，BLHeliSuite32适用于BL32程序，包含BL32程序的相关电调有X-Tower、X-Cross BL-32 4in1 40A和X-Cross 50/45/36A等。BLHeliSuite32软件既有电脑版也有手机版。BLHeliSuite32软件常用来对温度保护、电机转向、电机进角、电调刹车、PWM频率、启动音乐和油门信号等相关参数进行设置。

五、穿越机的测试

（一）零部件测试

穿越机整机的性能与零部件质量息息相关，在装配前应对零部件进行检查，确保各零部件质量合格。

1. 零部件分类

机体结构件：中心板、机臂、螺旋桨、铝柱等。

电子电气部件：电池、飞控、电调、电机、图传、摄像头、遥控器、接收机、连接线等。

2. 测试方案

（1）机体结构件。

机体结构件组成了穿越机整机的结构主体，需要承载飞行载荷和起降冲击。查验原则是无变形、裂纹、缺陷等影响安全的隐患。对机体结构件的检查可参考表1-2-6逐一进行检查，可根据实际需要修改表格形式及检查项目，以符合实际要求。

表1-2-6　穿越机机体结构件检查记录表

名称	检查项目	检查结果	备注
中心板（上下板、下压板）	变形、裂纹		
机臂	变形、裂纹		
螺旋桨	变形、裂纹		
铝柱	变形、裂纹		
摄像头侧板	变形、裂纹		
……	……		

（2）电子电气部件。

电子电气部件查验原则是数量齐全，接插件完好（镀金层光亮），线皮、线芯无氧化或损伤，可参考表1-2-7。

表1-2-7　穿越机电子电气部件检查记录表

名称	检查项目	检查结果	备注
电池	完整，无破损、鼓包、漏液、腐蚀		
飞控	飞控本体、接插件、相关飞控组件正常		
电调	通电正常		
电机	通电转动		
图传	图传地面端、天空端的通信		
摄像头	通电能看见清晰画面		
遥控器、接收机	遥控器、接收机对频		
……	……		

（二）整机测试

穿越机整机性能测试的目的是检验装调正确性，保证飞行安全。经过测试且符合标准的零部件装配成整机后，还需要进行穿越机整机性能测试，测试方案如下。

1. 最大起飞质量测试

测试方法：先采用无人机载重量测试装置测试穿越机的载重量，根据穿越机型号对测重块的质量和测力传感器的规格进行选配，再将装置的牵引绳一端连接在测重块上，另一端固定在穿越机底部，将测重块放置在测力传感器上方，持续推油门，当测力传感器数值不再变化时，即可测出穿越机最大载重量。接着用电子秤称出穿越机机体质量，最大载重量加机体质量即为最大起飞质量。

2. 航时测试

测试方法：启动电池电量饱和的穿越机，开始记录航时，控制穿越机在室内飞行场悬停，直至穿越机的电池电压降至保护电压，降落至地面上，停止记录穿越机的航时。

任务实施

一、任务准备

（一）零部件准备

根据任务要求，结合"学习储备"中的选型原则和方法，完成零部件选型，填

写穿越机零部件选型清单，如表1-2-8所示。

表1-2-8　穿越机零部件选型清单

系统	硬件	型号	数量	单位
机体	机架	康鹤KH-106，230 mm碳纤维	1	套
动力系统	电机	2306 KV2400	4	个
	螺旋桨	5045三叶塑料桨	2	对
	电池	锂聚合物电池，1550 mAh 4S 1P 100 C	1	块
	电调	40 A四合一	1	个
飞行控制系统	飞控	F4	1	套
通信系统	遥控器	16通道遥控器（五合一）	1	个
	接收机	R1+	1	个
	图传	T5804-V2（功率600 mW）	1	套
任务载荷系统	摄像头	Run Cam Micro	1	套
	眼镜	Skyzone 02C	1	副

　　根据零部件选型清单，分门别类地整理、摆放好零部件。穿越机零部件的整理、摆放如图1-2-2所示。

图1-2-2　穿越机零部件的整理、摆放

（二）装调工具准备

根据零部件选型清单，选择合适的装调工具。填写穿越机装调工具清单，如表1-2-9所示。

表1-2-9　穿越机装调工具清单

工具名称	工具型号	数量	单位
斜口钳	4.5 in高碳钢斜口钳	1	把
烙铁架	双用烙铁架	1	套
调参数据线	Type-C、USB二合一数据线	1	根
电烙铁	黄花电烙铁100 W恒温P-907S	1	把
内六角螺丝刀	1.5 mm/2 mm/2.5 mm/3 mm四合一螺丝刀	1	套
防静电镊子	ESD-10标准尖头	1	把

（三）装调材料准备

根据零部件选型清单，选择合适的装调材料。填写穿越机装调材料清单，如表1-2-10所示。

表1-2-10　穿越机装调材料清单

材料名称	材料参数	数量	单位
螺钉包	M3×6 30颗，M3×8 15颗	各1	包
松香	高纯度助焊剂松香块	1	块
胶片	双面胶	5	片
塑料扎带	10 cm长	10	条
电工胶布	SHCY-GY6电工胶布	1	卷
焊锡	高纯度焊锡	1	卷
魔术扎带	航模魔术扎带	1	条

（四）装调软件准备

根据零部件选型清单，选择合适的装调软件。填写穿越机装调软件清单，如表1-2-11所示。

表1-2-11　穿越机装调软件清单

软件名称	软件版本	官网
Betaflight Configurator	10.4.0	Betaflight. com
Microsoft Windows操作系统	7或10	www. Microsoft. com/zh-cn/

（五）电气原理图

穿越机电气原理图如图1-2-3所示。

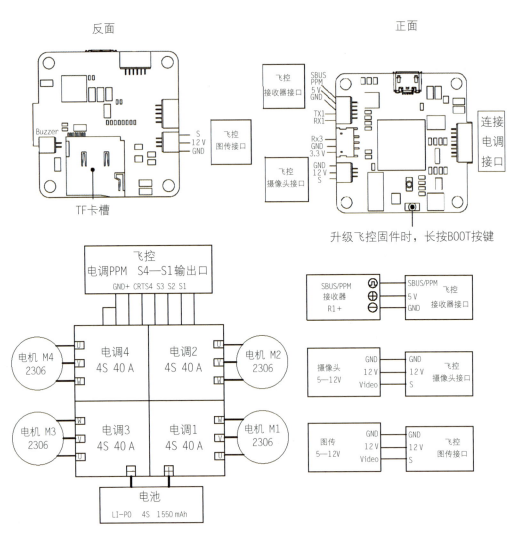

图1-2-3　穿越机电气原理图

（六）组装接线图

根据穿越机的电气原理图，结合零部件选型清单，画出穿越机组装接线图，如图1-2-4所示。

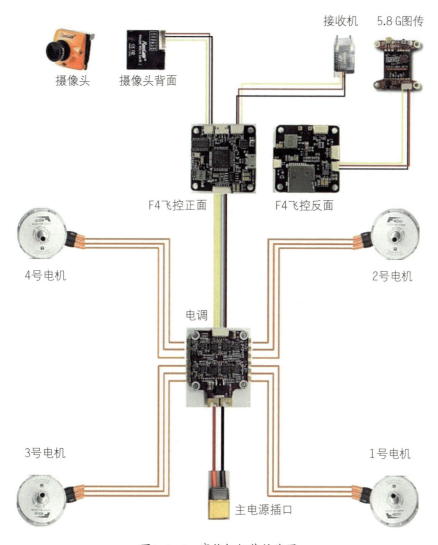

图1-2-4　穿越机组装接线图

二、任务流程

（一）零部件测试

组装前，需要对零部件进行检查，确保组装前各零部件质量合格，填写穿越机零部件检查记录表，如表1-2-12所示。

表1-2-12 穿越机零部件检查记录表

序号	检查项目	要求指标	检查指标	检查结果	备注
1	中心板（上下板、下压板）	无变形、裂纹	无	合格	
2	机臂	无变形、裂纹	无	合格	
3	螺旋桨	无变形、裂纹	无	合格	
4	铝柱	无变形、裂纹	无	合格	
5	摄像头侧板	无变形、裂纹	无	合格	
6	电池	完整，无破损、鼓包、漏液、腐蚀	无	合格	
7	飞控	飞控本体、接插件、相关飞控组件正常	正常	合格	
8	电调	通电正常	正常	合格	
9	电机	通电转动	正常	合格	
10	图传	图传地面端、天空端的通信正常	正常	合格	
11	摄像头	通电能看见清晰画面	清晰	合格	
12	遥控器、接收机	遥控器、接收机对频	正常	合格	
13	连接线	完整无破损	完整	合格	
…	……	……	……	……	

（二）组装

根据本机零部件选型清单，查询相关资料手册，结合组装工艺，绘制此穿越机的组装流程图，如图1-2-5所示。

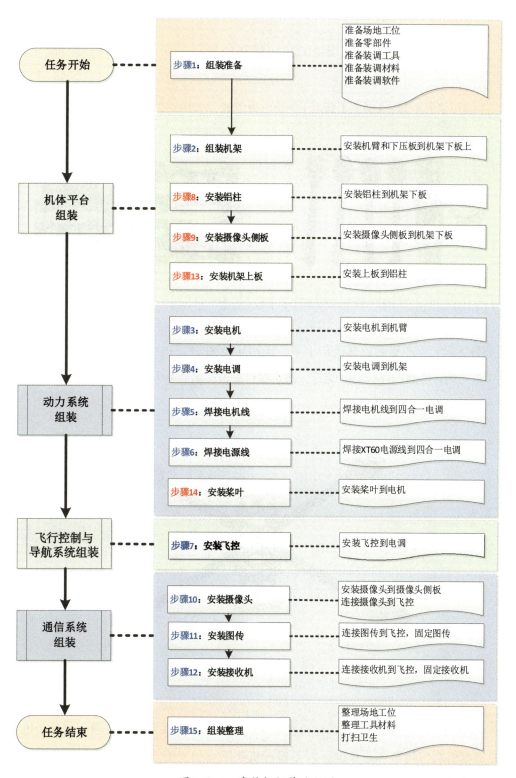

图1-2-5 穿越机组装流程图

1. 步骤1：组装准备

按任务准备要求，准备好场地工位、零部件、装调工具、装调材料、装调软件。

2. 步骤2：组装机架

机架由4个机臂、1副上下板和1个下压板组成。如图1-2-6所示。

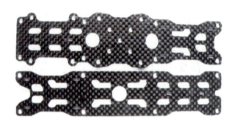

图1-2-6　上下板、机臂、下压板

将下板、下压板和机臂清洁干净，选用M3×8的螺钉，将4个机臂安装在下板和下压板之间，注意选择合适的螺钉，防止螺钉过长接触到分电板造成短路。如图1-2-7所示。

图1-2-7　组装机架

3. 步骤3：安装电机

选用M3×8的螺钉，将4个电机安装至机臂上。注意在安装电机前，将每个电机的3根电机线剪短至合适长度，以不超过机架中心位置为宜。电机线的线头剥出约3 mm的金属部位，用于焊接在电调上。如图1-2-8所示。

图1-2-8　安装电机

4. 步骤4：安装电调

选用M3×8的螺钉，从机架底面向上穿入，将四合一电调固定。注意电调带有针脚的一面朝上，电调两侧的焊盘朝向两边的电机线。如图1-2-9所示。

图1-2-9　安装电调

5. 步骤5：焊接电机线

清洁电机线头和电调的焊盘，使用电烙铁和焊锡把电机线焊接到电调上。注意在焊接前，先给线头和焊盘加少许焊锡，覆盖裸露的金属部位即可。如图1-2-10所示。

图1-2-10　焊接电机线

6. 步骤6：焊接电源线

将XT60电源线剪短至5 cm左右，剥出约3 mm电源的线头，然后清洁电源线头和电调焊盘，把电源线焊接到电调上。注意在焊接前，先给电源线头和焊盘加少许焊锡，覆盖裸露的金属部位即可。焊接时红线对应正极，黑线对应负极。如图1-2-11所示。

图1-2-11　焊接电源线

7. 步骤7：安装飞控

将飞控安装在电调上面，用螺母拧紧螺钉。注意将飞控上的针孔与电调上的针脚对应插好。如图1-2-12所示。

图1-2-12　安装飞控

8. 步骤8：安装铝柱

机架上下板之间需要安装铝柱作为支撑物。准备好8颗铝柱，如图1-2-13所示。

清洁机架下板和铝柱，选用M3×6的螺钉，将8颗铝柱安装至下板上。如图1-2-14所示。

图1-2-13　铝柱

图1-2-14　安装铝柱

9. 步骤9：安装摄像头侧板

摄像头侧板用于固定摄像头。准备好两块侧板，机架下板的对应槽口位置如图1-2-15所示。

（a）侧板　　　　　　　　　　（b）下板

图1-2-15　摄像头侧板和机架下板

将摄像头侧板插进机架下板的槽口。注意侧板对称插入。如图1-2-16所示。

10. 步骤10：安装摄像头

利用摄像头两侧的螺钉将其固定在摄像头侧板上。注意，侧板上的月牙形缺口可调节螺钉的位置，安装时需保持摄像头与机架下板平行。然后参考穿越机的组装接线图，用带有XH插头的杜邦线连接摄像头与飞控。如图1-2-17所示。

图1-2-16　安装侧板

图1-2-17　安装摄像头

11. 步骤11：安装图传

参考穿越机的组装接线图，用带有XH插头的杜邦线连接图传与飞控，连好线路后，注意用双面胶或者扎带等材料固定图传。如图1-2-18所示。

12. 步骤12：安装接收机

参考穿越机的组装接线图，用带有XH插头的杜邦线连接接收机与飞控，连好线路后，注意用双面胶或者扎带等材料固定接收机。如图1-2-19所示。

图1-2-18　安装图传

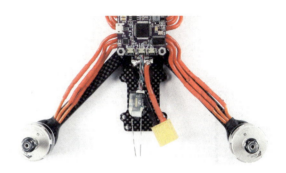
图1-2-19　安装接收机

13. 步骤13：安装机架上板

清洁机架上板、摄像头侧板和铝柱，先将摄像头侧板插进机架上板的槽口。注意在槽口位置加胶水紧固。然后选用M3×6的螺钉，将机架上板固定至8颗铝柱上。如图1-2-20所示。

14. 步骤14：安装桨叶

将桨叶安装到电机轴上，通过电机自带螺母拧紧。注意正反桨叶安装位置。至此，穿越机组装完毕。组装整机图如图1-2-21所示。

图1-2-20　安装上板

图1-2-21　组装整机

15. 步骤15：组装整理

按9S管理要求，整理场地工位，整理工具材料，打扫卫生。

（三）调试

穿越机的调试主要是应用相关装调工具和软件，对穿越机进行无桨调试，调试动力装置、遥控装置、飞控装置、图传装置等。

根据"学习储备"中调试的相关知识，结合本机零部件的实际情况，绘制穿越机的调试流程图，如图1-2-22所示。

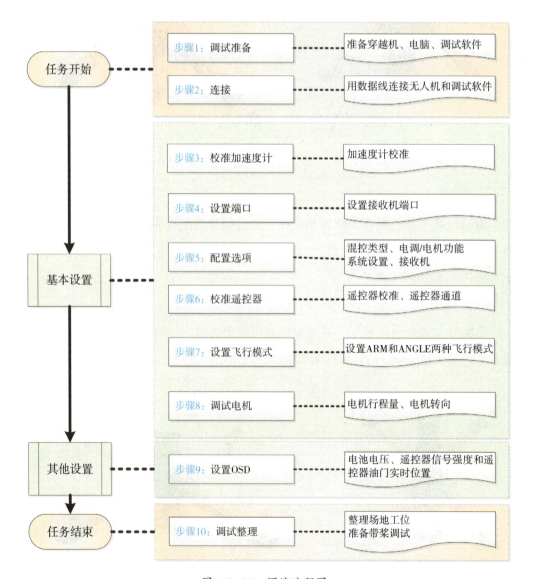

图1-2-22　调试流程图

1. 步骤1：调试准备

准备已组装好的待调试穿越机，将螺旋桨从穿越机上卸下。

准备好调试用数据线，将数据线一头连接穿越机飞控，另一头连接电脑USB接口。

2. 步骤2：连接

运行调试软件，点击软件主界面右上方的黄色"连接"按钮。当按钮显示为红色的"断开连接"状态即为连接成功。如图1-2-23所示。

图1-2-23　连接软件

3. 步骤3：校准加速度计

在"设置"栏目里，点击"校准加速度计"。注意此时机身一定要水平放置。如图1-2-24所示。

图1-2-24　校准加速度计

4. 步骤4：设置端口

在"端口"栏目里，点亮 UART1 端口的"串行数字接收机"选项，如图1-2-25所示。然后点击软件界面右下角的"保存并重启"进行保存。

5. 步骤5：配置选项

在"配置"栏目里，在"混控类型"下选择机架类型为"Quad X"，在"电调/电机功能"下修改"电调/电机协议"为DSHOT600，再点亮"MOTOR_STOP"选项。如图1-2-26所示。

端口

注意：不是所有的组合都是有效的，如果飞控检查到某组合不能同时工作，对应串口的设置将会被重置。
注意：**不要** 关闭第一个串口的MSP选项。否则你可能要重新烧录固件并清空（丢失）所有设置。

标识符	设置/MSP		串行数字接收机
USB VCP	⬤	115200 ▼	◯
UART1	◯	115200 ▼	⬤
UART3	◯	115200 ▼	◯
UART6	◯	115200 ▼	◯

图1-2-25 设置端口

图1-2-26 机架类型选择及电调/电机协议修改

在"系统设置"里，点亮"加速度计"选项，将"陀螺仪更新频率"和"PID循环更新频率"均设置为8 kHz。如图1-2-27所示。

系统设置

注意：确保你的飞控有能力运行在这些频率上！检查CPU循环时间是否稳定。改变频率可能需要重新调校PID。提示：关闭加速度计和其他传感器可以节省运算资源以获得更高性能。

◯ 启用陀螺仪 32kHz 采样模式　　　　　　　　　　　　　?

[8 kHz ▼] 陀螺仪更新频率

[8 kHz ▼] PID 循环更新频率　　　　　　　　　　　　　?

⬤ 加速度计

◯ 气压计（如有）

◯ 磁场计（如有）

图1-2-27 系统设置

在"接收机"里，先选择接收机模式为"串行数字接收机"，然后选择串行数字接收机协议为"SBUS"。如图1-2-28所示。

图1-2-28　接收机模式和协议

最后，点击界面右下方"保存与重启"以保存配置。

6. 步骤6：校准遥控器

在"接收机"栏目里，拨动遥控器上的所有控制杆，观察通道进度条的范围，一般范围为1000～2000。修改"'摇杆低位'阈值"为1050、"摇杆中点"为1500、"'摇杆高位'阈值"为1900。如图1-2-29所示。

图1-2-29　校准遥控器

7. 步骤7：设置飞行模式

在"模式"栏目里，分别给ARM和ANGLE两种飞行模式添加范围。ARM选择"AUX1"通道，ANGLE选择"AUX3"通道。设置ARM模式下高亮进度条范围为1800~2100，ANGLE模式下高亮进度条范围为900~1225。最后保存设置。如图1-2-30所示。

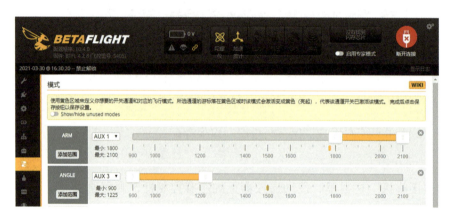

图1-2-30　设置飞行模式

8. 步骤8：调试电机

在"电机"栏目里，先给穿越机接上电池，然后点亮"我已了解风险"，拖动主控制滑块，调试电机最大、最小行程量，同时检查电机转向，如果电机转向不正确，将任意两根电机线对调重新焊接即可。如图1-2-31所示。

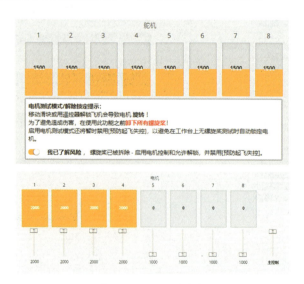

图1-2-31　调试电机

9. 步骤9：设置OSD

在"OSD屏幕叠加显示"栏目里，点亮"电池电压""遥控器信号强度"和"遥控器油门实时位置"等对应元素。如图1-2-32所示。

图1-2-32　设置OSD

10. 步骤10：调试整理

整理场地工位，为下一阶段的带桨调试做好准备。

（四）整机测试

整机测试主要为带桨测试。组装完成后，需要进行穿越机整机性能测试，确保装调正确性，保证穿越机安全飞行，填写穿越机整机测试记录表，如表1-2-13所示。

表1-2-13　穿越机整机测试记录表

序号	测试项目	要求指标	测试指标	测试结果	备注
1	起飞质量	≤1.5 kg			
2	遥控信号	满格			
3	图传画面	清晰（无雪花点，无中断）			
4	正常起飞	能稳定悬停10 s以上			

（续表）

序号	测试项目	要求指标	测试指标	测试结果	备注
5	稳定性	飞行稳定，无明显抖动			
6	航时	5 min≤航时≤10 min			
…	……	……			

三、评价反馈

采用过程性评价和终结性评价相结合的方式。

过程性评价主要对小组成员在任务前、任务中、任务后的表现过程进行综合性评价，过程性评价采用自我评价、组内评价和教师综合评价相结合的方式，过程性评价表详见附录2。

终结性评价主要对各小组的完成结果进行考核、测试和评价，终结性评价由老师组织各小组质检员组成质检小组，对各小组的完成结果进行评价打分。本任务的终结性评价如表1-2-14所示。

表1-2-14　项目一任务二终结性评价表

序号	评价大项	评价小项	评价明细	评分标准/分	得分/分
1	选型（20分）	清单是否完整、合理	穿越机零部件选型清单	0～12	
			穿越机装调工具清单	0～3	
			穿越机装调材料清单	0～3	
			穿越机装调软件清单	0～2	
2	组装（30分）	组装完成度	是否在规定的时间内完成组装（以电机是否能解锁作为依据）	0～14	
		机械组装工艺	连接是否稳固	0～2	
			安装位置是否正确	0～2	
			是否存在螺钉或其他零件安装遗漏	0～2	
		电气组装工艺	是否存在短路	0～2	
			是否存在开路	0～2	
			是否存在插接错误	0～2	
			是否存在插接遗漏	0～2	
			是否存在线路整理缺陷	0～2	

（续表）

序号	评价大项	评价小项	评价明细	评分标准/分	得分/分
3	调试（20分）	调试完成度	是否能正常起飞（以是否能悬停10 s以上作为依据）	0~5	
		稳定性	是否飞行稳定，未出现明显抖动	0~9	
		飞行模式	是否能切换手动飞行模式	0~6	
4	测试（25分）	起飞质量	是否满足起飞全重不超过1.5 kg	0~5	
		遥控器接收机	是否对频，信号是否满格	0~6	
		航时	是否满足5 min≤航时≤10 min	0~8	
		图传设备	画面是否清晰（无雪花点，无中断）	0~6	
5	9S管理（5分）	—	是否存在卫生打扫、回收、摆放等方面的问题	0~5	
合计				0~100	

任务考核

某航空联合会组织一场无人机锦标赛，需参赛队员组装一架穿越机进行比赛，穿越机性能要求如下：

❶ 穿越机轴距小于250 mm；

❷ 包括电池和所有机载装置在内的总质量不得超过1.5 kg；

❸ 电机的最大允许电压为17.0 V（6S）；

❹ 螺旋桨最大直径为5 in，禁止使用纯金属螺旋桨，禁止使用任何螺旋桨保护装置；

❺ 无线电遥控设备采用2.4 GHz扩频技术；

❻ 机载摄像机应采用PAL编码格式；

❼ 视频发射机采用5.8 GHz频段；

❽ 遥控器接收机通信良好，且飞行模式至少包含一个手动模式；

❾ 航时5~10 min；

⑩ 图传系统通信良好，画面清晰；

⑪ 该设备的零部件清单如表1-2-15所示。

表1-2-15 穿越机零部件清单

系统	硬件	型号	数量	单位
机体	机架	迪飞DF-EDU 02J	1	套
动力系统	电调	40 A四合一	1	个
	螺旋桨	51466 PC三叶桨	2	对
	电机	2306 KV2400	4	个
	电池	锂聚合物电池，1550 mAh 4S 1P 75 C	1	块
飞行控制系统	飞控	F7	1	个
通信系统	FPV摄像头	FOXEER mini 2.1 mm	1	个
	图传天线	Foxeer Lollipop 03	1	根
	图传	VT5804M V2	1	个
	遥控器	AT9S Pro	1	套
	接收机	R12DSM	1	个

请根据以上要求，完成此穿越机的组装、调试和测试。

任务实施关键信息二维码如图1-2-33所示。

图1-2-33 任务实施关键
信息二维码

消费级多旋翼无人机的组装与调试

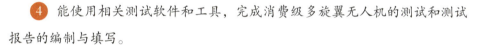

1 能根据产品性能要求、功能要求和应用需求，查阅相关资料，完成消费级多旋翼无人机的配置选型。

2 能根据装配图、手册等资料，遵循机械装配工艺和电气安装工艺要求，使用装调工具完成消费级多旋翼无人机的装配。

3 能使用相关调试软件和工具，完成消费级多旋翼无人机的调试。

4 能使用相关测试软件和工具，完成消费级多旋翼无人机的测试和测试报告的编制与填写。

 任务描述

某培训机构因业务需求，需要选型装调一批消费级四旋翼无人机，以满足民用无人机驾驶员考证前期的基础训练，并扩展挂载不同的任务载荷，满足航拍、物流抓取等通用行业应用需求。

（1）根据《民用无人机驾驶员管理规定》（AC-61-FS-2018-20R2）、《民用无人机驾驶员合格审定规则》（T/AOPA 0008—2019）的要求，Ⅱ类无人机的质量须满足：0.25 kg＜空机质量≤4 kg，1.5 kg＜起飞全重≤7 kg；旋翼数量、轴距、飞控和遥控器等没有明确要求。

（2）根据民用无人机驾驶员考证前期基础训练的实际需求，消费级多旋翼无人机须满足：

①飞行模式：能在自动定位模式（P模式）、姿态模式（A模式）、手动模式（M模式）间自由切换；

②教练/学员模式：能进行主控、副控自由切换；

③保护功能：能进行失控保护（系统自带、无须设置）、低电压报警（系统自动），高度、距离限制保护（高度100 m、距离150 m），输出动力缺失保护，动力保护（系统自带、无须设置）。

（3）根据考证前期基础训练的实际需求，消费级多旋翼无人机须满足：

①动力系统类型为电动动力系统；

②0.25 kg＜空机质量≤4 kg，1.5 kg＜起飞全重≤7 kg；

③航时10～15 min；

④能在该飞行平台上挂载不同的任务载荷，满足航拍、物流抓取、避障等通用行业应用需求；

⑤具备较高的稳定性、安全性和一定的智能性。

请根据以上要求，完成消费级四旋翼无人机的配置选型、组装、调试和测试。

一、消费级多旋翼无人机简介

消费级多旋翼无人机是指应用于娱乐、航拍等领域，具备特定功能、满足特定性能的无人机。消费级多旋翼无人机与穿越机相比，一般具有如下特点：

（1）更多的功能。具有航线规划、定位导航、自主避障等功能。

（2）更高的性能。通常具有更高的安全性、更好的稳定性。

（3）一定的可扩展性。由于具备了较高的性能、较强的环境适应性，可通过挂载云台、相机等实现航拍或其他功能。

二、消费级多旋翼无人机的配置选型

（一）消费级多旋翼无人机配置选型原则

与穿越机相比，消费级多旋翼无人机对稳定性、安全性、航时等有更高的要求，其配置选型需要考虑的因素和细节更多，配置选型如表1-3-1所示。

表 1-3-1　消费级多旋翼无人机的配置选型

项目		类型与特点	选型
大类	小类		
布局结构	机身布局	I型、X型。其中X型具有优异的性能与简单的结构	多采用X型
	机体尺寸	多旋翼机体尺寸对惯性、有效负载有很大的影响，并最终影响最大角加速度和线加速度。通常尺寸越大，机动性越差	通常轴距在600 mm以下
	飞行控制系统（自驾仪）位置	飞行控制系统（自驾仪）偏离重心位置较远时会产生离心加速度和切向加速度，引起加速度计的测量误差，即"杆臂效应"	尽量位于重心位置附近
	气动布局	通过减小迎风面积、尽量采用流线体外形、部件连接处尽量圆滑过渡等方式减小摩擦阻力、压差阻力、诱导阻力、干扰阻力	考虑多旋翼无人机前飞时的倾角，减小最大迎风面积
动力系统	锂聚合物电池	关键参数：电压、电量、电芯数、充/放电倍率	电量5200 mAh以上，电芯数4S或以上
	无刷电机	关键参数：KV值、电机尺寸	根据推力匹配参数
	电子调速器（电调）	关键参数：电流、电压	电流30 A以上，参数需与电机匹配
	固定桨距螺旋桨	关键参数：螺旋桨长度、桨距、材质	以碳纤桨、二叶桨为主
飞行控制与导航系统	飞行控制系统（飞控）	1. 开源飞控：可定制开发，功能强大； 2. 闭源商品飞控：满足特定功能，稳定性高，使用简单	以开源飞控为主
	导航系统	惯性导航、卫星导航、组合导航	多采用惯性导航、卫星导航

（续表）

| 项目 | | 类型与特点 | 选型 |
大类	小类		
通信系统	遥控器	关键参数：通道数、通信距离、摇杆	多采用12通道以上
	无线数据传输系统（无线数传）、无线图像传输系统（无线图传）	关键参数：工作频率、传输功率、最大信号有效距离、通信速率、频道带宽	无线数传常用2.4 GHz频段，无线图传常用5.8 GHz频段

（二）消费级多旋翼无人机配置选型案例

1. 飞行控制系统的选型

考虑稳定性、安全性等因素，消费级多旋翼无人机大多选用较为成熟的开源或闭源飞控，常见的开源飞控有Pixhawk飞控等，常见的闭源飞控有DJI Naza飞控等。

（1）Pixhawk飞控。

Pixhawk飞控是世界上最出名的开源飞控的硬件厂商3DR推出的最新一代飞行控制系统，其前身是APM，由于APM的处理器已经接近满负荷，没有办法满足更复杂的运算处理需求，因此硬件厂商采用了目前最新标准的32位ARM处理器，第一代产品是PX4系列，它分为飞控处理器PX4FMU和输入输出接口板PX4IO。PX4系列可以单独使用PX4FMU，但是接线很复杂，也可以配合输入输出接口板PX4IO使用，又因为没有统一的外壳，不好固定，再加上使用复杂，所以基本上属于一代实验版本。基于PX4系列的经验，厂商终于简化了结构，把PX4FMU和PX4IO整合到一块板子上，并加上了骨头形状的外壳，优化了硬件和走线，生产出了第二代产品Pixhawk。产品外观如图1-3-1所示。

图1-3-1　Pixhawk飞控

（2）DJI Naza飞控。

Naza（哪吒）系列飞控如图1-3-2所示，是DJI专为消费级多旋翼无人机爱好者打造的新一代轻量级多旋翼控制平台，创新的一体化设计理念，将控制器、陀螺仪、加速度计和气压计等传感器集成在了一个更轻、更小巧的控制模块中，同时可提供D-Bus支持，且支持固件在线升级，功能、硬件均可扩展。

| Naza-M V2 | Naza-M Lite | Naza-M |

图1-3-2　DJI Naza系列飞控

2. 其他零部件或子系统的选型

其他零部件或子系统的选型，可参见前述"任务二　穿越机的组装与调试"。

三、消费级多旋翼无人机的组装

消费级多旋翼无人机的组装总体原则、组装流程、组装工艺，与穿越机基本相似，可参见前述"任务一　无人机组装与调试基础"。

与穿越机相比，消费级多旋翼无人机的组装工艺要求更高，如机架刚度和强度要求更高，线路分布要求更严格等。

四、消费级多旋翼无人机的调试

消费级多旋翼无人机除了采用开源飞控，也经常使用闭源飞控。选用原则为满足特定功能要求，并具备较高的稳定性、安全性和智能性即可。

消费级多旋翼无人机调试方法相当简单，可从官方网站下载调试软件和文档手册，按文档手册分步操作。消费级多旋翼无人机飞控调试软件见表1-3-2。

表1-3-2　消费级多旋翼无人机飞控调试软件

飞控	调试软件	官网
Pixhawk	Mission Planner调参软件	pixhawk.org
DJI Naza	DJI Naza-M Lite调参软件	www.dji.com

调试分为无桨调试和有桨调试，无桨调试的主要内容包括：

（1）连接所有线路，接通电源，进行首次通电测试，检查飞控、电调、电机和接收机是否正常通电，有没有出现短路或断路现象。

（2）检查遥控器，进行对频及相关设置，确认遥控器发出的各个通道信号能准

确地被接收机接收到并能传送给飞控，后文将详细介绍常见遥控器的使用方法。

（3）将飞控连接到电脑，用调试软件（地面站）对飞控进行调试，如：烧写固件、设置接收机模式、遥控器校准、电调校准、加速度计校准、陀螺仪校准、设置飞行保护措施、设置飞行模式、通道设置和设置解锁方式等。

（4）接通电源用遥控器解锁飞控，推动油门检查4个电机的转向是否正确，如果不正确，则通过调换电机任意两根电源线来更换转向。

确认以上内容都调试完毕并能通过遥控器解锁无人机，操作遥控器各个通道，观察无人机都有相应的反应，即完成了无人机的无桨调试。

五、消费级多旋翼无人机的测试

消费级多旋翼无人机的测试与穿越机的测试基本相同，可参见前述"任务二 穿越机的组装与调试"。

一、任务准备

（一）零部件准备

根据任务要求，结合"学习储备"中的选型原则和方法，完成零部件选型。填写消费级四旋翼无人机零部件选型清单，如表1-3-3所示。

表1-3-3　消费级四旋翼无人机零部件选型清单

系统	硬件	型号	数量	单位
机体	机架	迪飞DF-EDU 04J，550 mm碳纤维	1	套
动力系统	电调	40 A四合一	1	个
	电机	3508 KV580	4	个
	螺旋桨	13 in碳纤维	2	对
	电池	4S 5200 mAh 45 C	1	块
飞行控制系统	飞控	DF-FBW01	1	套
通信导航系统	遥控器	AT9S Pro	1	套
	接收机	R9DS	1	个
	数传	915 MHz 100 mW	1	对
	图传	TANK Ⅱ代	1	个

（续表）

系统	硬件	型号	数量	单位
任务载荷系统	FPV摄像头	FOXEER 2代 mini	1	个
	激光雷达	TF Luna	1	个
	显示屏	5 in	1	台
	天线	内针	1	根

根据零部件选型清单，分门别类地整理、摆放好零部件。消费级四旋翼无人机零部件的整理、摆放如图1-3-3所示。

图1-3-3　消费级四旋翼无人机零部件的整理、摆放

（二）装调工具准备

根据零部件选型清单，选择合适的装调工具。填写消费级四旋翼无人机装调工具清单，如表1-3-4所示。

表1-3-4　消费级四旋翼无人机装调工具清单

工具名称	工具型号	数量	单位
内六角螺丝刀	1.5 mm/2 mm/2.5 mm	各1	把
斜口钳	5 in	1	把
电烙铁	907S	1	把
烙铁架	金属圆盘烙铁架	1	套
套筒	M3	1	把
剥线钳	7 in	1	把
防静电镊子	直扁头	1	把
调参数据线	安卓Type-C二合一	1	根

（三）装调材料准备

根据零部件选型清单，选择合适的装调材料。填写消费级四旋翼无人机装调材料清单，如表1-3-5所示。

表1-3-5　消费级四旋翼无人机装调材料清单

材料名称	材料参数	数量	单位
焊锡	0.8 mm	1	卷
双面胶	12 mm（宽）×5 m（长）×1.2 mm（厚）	1	卷
香蕉头	3 mm公母头	24	对
电源线	14AWG	10	cm
	10AWG	25	cm

（四）装调软件准备

根据零部件选型清单，选择合适的装调软件，填写消费级四旋翼无人机装调软件清单，如表1-3-6所示。

表1-3-6　消费级四旋翼无人机装调软件清单

软件名称	软件版本
Microsoft Windows操作系统	7或10
迪飞DF无人机地面站系统	V1.0

（五）电气原理图

查询资料手册，理解消费级四旋翼无人机电气原理图，如图1-3-4所示。

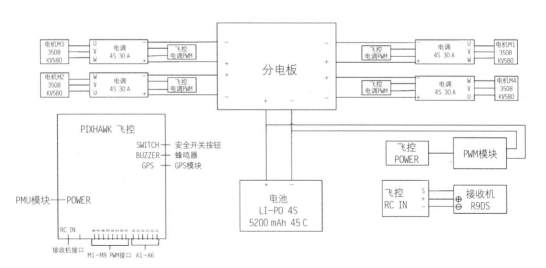

图1-3-4　消费级四旋翼无人机电气原理图

（六）组装接线图

根据电气原理图，结合零部件选型清单，画出消费级四旋翼无人机组装接线图，如图1-3-5所示。

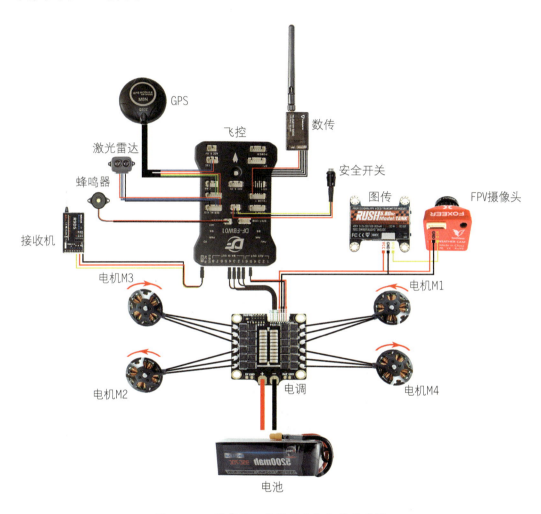

图1-3-5 消费级四旋翼无人机组装接线图

二、任务流程

（一）零部件测试

参见前述"任务二 穿越机的组装与调试"。

（二）组装

根据前述任务关于组装的相关知识，结合本机零部件、子系统、整机的实际情况，消费级四旋翼无人机的组装流程如图1-3-6所示。

无人机装调与操控

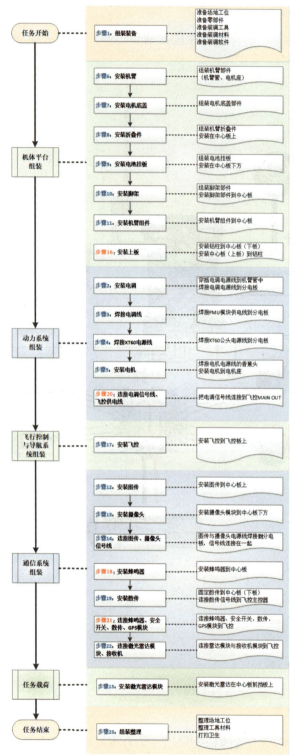

图1-3-6 消费级四旋翼无人机组装流程图

1. 步骤1：组装准备

按任务准备要求，准备好场地工位、零部件、装调工具、装调材料、装调软件。

2. 步骤2：安装电调

使用塑料螺柱把四合一电调固定在下板上，并使其保持在水平正中间位置，如图1-3-7所示。

图1-3-7　安装电调

3. 步骤3：焊接电调线

焊接时注意不能虚焊，防止在飞行过程中因为抖动而导致接口松动，如图1-3-8所示。

4. 步骤4：焊接XT60电源线

焊接时注意不能虚焊，防止在飞行过程中因为抖动而导致接口松动，注意正负极勿接反，如图1-3-9所示。

图1-3-8　焊接电调线

5. 步骤5：安装电机

检查螺钉数量是否足够、螺钉长度是否合适，应正确使用符合螺钉规格的螺丝批，上螺钉时按照对角线原则拧螺钉，待所有螺钉上完后再拧紧，如图1-3-10所示。

6. 步骤6：安装机臂

飞行中电机座松动，造成电机偏转也是炸机的重要原因之一，因此应保证电机座与机臂连接牢固，如图1-3-11所示。

图1-3-9　焊接XT60电源线

图1-3-10　安装电机

图1-3-11　安装机臂

7. 步骤7：安装电机底盖

检查螺钉数量是否足够、螺钉长度是否合适，上螺钉时按照对角线原则拧螺钉，待所有螺钉上完后再拧紧，如图1-3-12所示。

8. 步骤8：安装折叠件

飞行中折叠件松动，造成电机偏转也是炸机的重要原因之一，因此应保证折叠件连接牢固，如图1-3-13所示。

图1-3-12　安装电机底盖

图1-3-13　安装折叠件

9. 步骤9：安装电池挂板

保证电池挂板连接牢固，如图1-3-14所示。

10. 步骤10：安装脚架

将脚架横撑穿过三通，使三通位于横撑中间位置，脚架斜撑穿入三通与横撑形成"T"字形，将橡胶脚垫套在横撑两端，外侧对齐，整理平整，用横撑堵头堵住横撑两侧，将脚架固定在中心板上，如图1-3-15所示。

图1-3-14　安装电池挂板

图1-3-15　安装脚架

11. 步骤11：安装机臂组件

把安装好的4个机臂分别安装到中心板的上方，确保机臂可以正常折叠收起，如图1-3-16所示。

图1-3-16　安装机臂组件

12. 步骤12：安装图传

把图传安装到中心板上，需考虑安装位置是否位于中心，如图1-3-17所示。

13. 步骤13：安装摄像头

把摄像头模块安装到中心板下方，确保摄像头方向是机头方向，如图1-3-18所示。

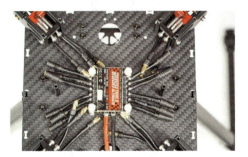

图1-3-17　安装图传

图1-3-18　安装摄像头

14. 步骤14：连接图传、摄像头信号线

将图传和摄像头的正负极电源线分别焊接到分电板电源的正负极上，图传信号线和摄像头信号线焊接在一起，如图1-3-19所示。

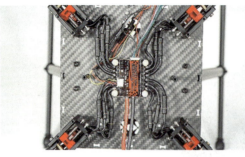

图1-3-19　连接图传、摄像头信号线

15. 步骤15：安装激光雷达模块

把激光雷达模块安装并固定在中心板前挡板上，如图1-3-20所示。

图1-3-20　安装激光雷达模块

16. 步骤16：安装上板

通过卡销方式把上板固定在中心板上，如图1-3-21所示。

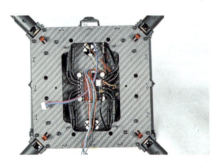

图1-3-21　安装上板

17. 步骤17：安装飞控

使用3M胶把飞控固定在飞控板上，飞控必须固定在水平中心上，如图1-3-22所示。

18. 步骤18：安装蜂鸣器

使用3M胶把蜂鸣器固定在中心板上，需考虑飞机整体重心位置，如图1-3-23所示。

图1-3-22　安装飞控

图1-3-23　安装蜂鸣器

19. 步骤19：安装数传

把数传安装在飞控附近，尽量保持外露，避免信号受到干扰，如图1-3-24所示。

20. 步骤20：连接电调信号线、飞控供电线

将电机按照1~4号的顺序分别连接到飞控MAIN OUT的1~4号上，如图1-3-25所示。

图1-3-24　安装数传

图1-3-25　连接电调信号线、飞控供电线

21. 步骤21：连接蜂鸣器、安全开关、数传、GPS模块

把蜂鸣器连接到BUZZER接口，把安全开关连接到SWITCH接口，把数传连接到TELEM1接口，把GPS模块连接到飞控的GPS接口，如图1-3-26所示。

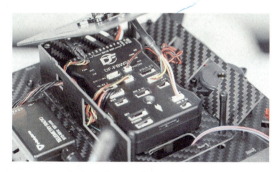

图1-3-26　连接蜂鸣器、安全开关、数传、GPS模块

22. 步骤22：连接激光雷达模块、接收机

注意激光雷达的安装位置和插线位置，接收机应尽量远离电子元件，避免互相干扰，安装位置考虑整机的中心平衡，天线不要遮挡，如图1-3-27所示。

图1-3-27　连接激光雷达模块、接收机

23. 步骤23：组装整理

按9S管理要求，整理场地工位、整理工具材料、打扫卫生。至此，消费级四旋翼无人机组装完毕，其组装整机如图1-3-28所示。

图1-3-28　消费级四旋翼无人机组装整机

（三）无桨调试

根据"学习储备"中调试的相关知识，结合本机零部件的实际情况，绘制此无人机的调试流程图，如图1-3-29所示。

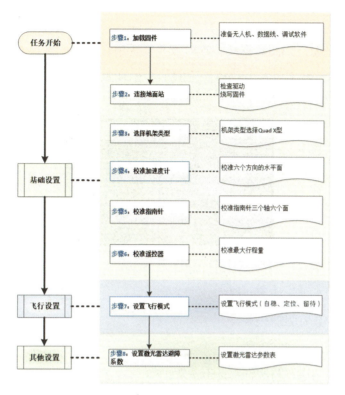

图1-3-29　消费级四旋翼无人机调试流程图

1. 步骤1：加载固件

选择加载自定义固件，地面站检测到Pixhawk飞控，拔下飞控板，再次插入，数秒后点击"OK"按钮，进入下载固件界面，等待地面站刷写完成，如图1-3-30所示。

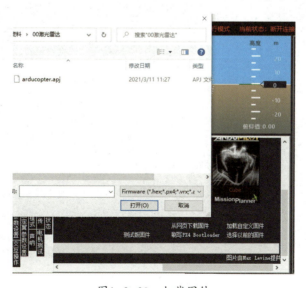

图1-3-30　加载固件

2. 步骤2：连接地面站

选择对应COM口，用数据线接连时需要设置串口通信波特率为115200，用数传连接则需将通信波特率设置为57600。如图1-3-31所示。

图1-3-31　连接地面站

若无法连接，可作如下处理：

①检测是否具有驱动；

②检测是否成功刷写固件；

③检查选择的串口与波特率是否正常；

④尝试更换硬件，如数据线、USB端口。

3. 步骤3：选择机架类型

选择机架类型为Quad X型，如图1-3-32所示。

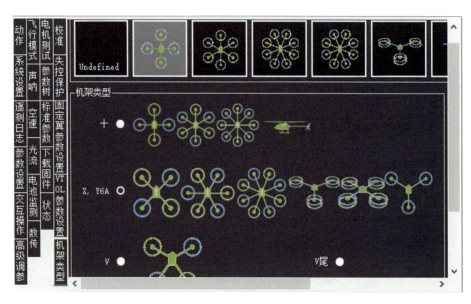

图1-3-32　选择机架类型

4. 步骤4：校准加速度计

（1）进入校准界面，点击"加速度计校准"，按照指示，依次切换到右侧朝上、左侧朝上、后侧朝上、前侧朝上、底部朝上。每旋转一个面都必须垂直水平面并点击按钮。

（2）把飞控放置在水平状态，校准水平。如图1-3-33所示。

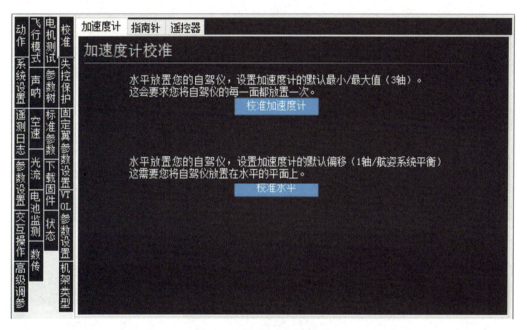

图1-3-33　校准加速度计

5. 步骤5：校准指南针

（1）进入校准界面，进入"指南针"界面。

（2）选择APM2.5内置罗盘，并勾选使用对应的指南针。

（3）点击"现场校准"，按照三个轴六个面进行绕轴旋转，直至进度条完成。如图1-3-34所示。

6. 步骤6：校准遥控器

（1）进入校准界面，进入"遥控器"界面，点击校准遥控。

（2）所有摇杆及开关拨到最大行程量。

（3）观察状态条方向是否一致，若不一致则调整遥控器相位。如图1-3-35所示。

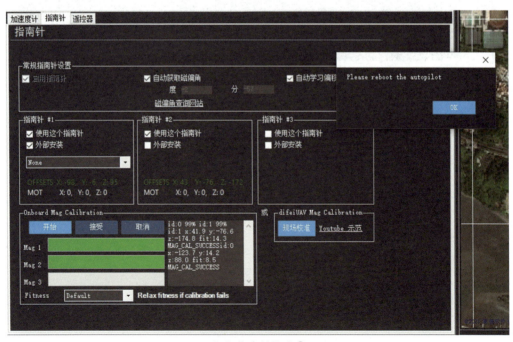

（a）指南针校准①

（b）指南针校准②

图1-3-34　校准指南针

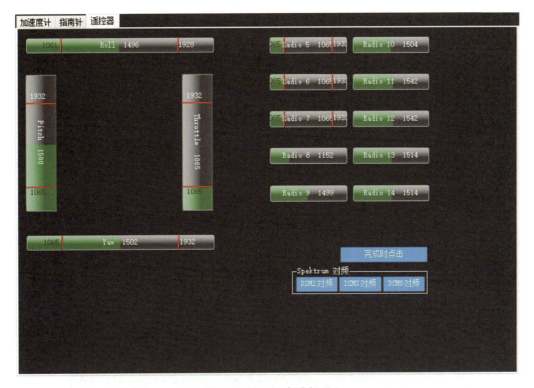

图1-3-35　校准遥控器

7. 步骤7：设置飞行模式

进入飞行模式界面，设置飞行模式分别为：Stabilize（自稳）、PosHold（定位）、Loiter（留待）。飞行模式默认为第五通道，遥控通道则默认为SWC。如图1-3-36所示。

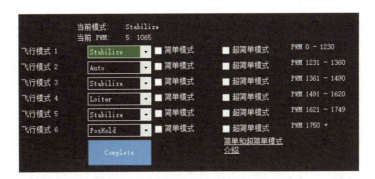

图1-3-36　设置飞行模式

8. 步骤8：设置激光雷达避障参数

设置激光雷达避障参数，如图1-3-37所示。

命令	△	值	单位	选项
AVOID_MARGIN		3	meters	1 10

（a）激光雷达避障参数设置①

命令	△	值	单位	选项	描述	Fav
SERIAL4_BAUD		38		1:1200 2:2400 4:4800 9:9600 19:19200 38:38400 57:57600 111:111100 115:115200 500:500000 921:921600 1500:1500000	The baud rate used for Serial4. The APM2 can support all baudrates up to 115, and also can support 500. The PX4 can support rates of up to 1500. If you setup a rate you cannot support on APM2 and then can't connect to your board you should load a firmware from a different vehicle type. That will reset all your parameters to defaults.	
SERIAL4_OPTIONS		0				
SERIAL4_PROTOCOL		9		-1:None 1:MAVLink1 2:MAVLink2 3:Frsky D 4:Frsky SPort 5:GPS 7:Alexmos Gimbal Serial 8:SToRM32 Gimbal Serial 9:Lidar 10:FrSky SPort Passthrough (OpenTX) 11:Lidar360 12:Aeroterna uLanding 13:Beacon	Control what protocol Serial4 port should be used for. Note that the Frsky options require external converter hardware. See the wiki for details.	

（b）激光雷达避障参数设置②

命令	△	值	单位	选项	描述	Fav
RNGFND2_GNDCLEAR		15	centimeters	0 127	This parameter sets the expected range measurement(in cm) that the second range finder should return when the vehicle is on the ground.	
RNGFND2_MAX_CM		200	centimeters		Maximum distance in centimeters that rangefinder can reliably read	
RNGFND2_MIN_CM		20	centimeters		Minimum distance in centimeters that rangefinder can reliably read	
RNGFND2_OFFSET		0	Volts		Offset in volts for zero distance	
RNGFND2_ORIENT		0		0:Forward 1:Forward-Right 2:Right 3:Back-Right 4:Back 5:Back-Left 6:Left 7:Forward-Left 24:Up 25:Down	Orientation of 2nd rangefinder	
RNGFND2_PIN		-1		-1:Not Used 0:APM2-A0 1:APM2-A1 2:APM2-A2 3:APM2-A3 4:APM2-A4 5:APM2-A5 6:APM2-A6 7:APM2-A7 8:APM2-A8 9:APM2-A9 11:PX4-airspeed port 15:Pixhawk-airspeed port 64:APM1-airspeed port	Analog pin that rangefinder is connected to. Set this to 0..9 for the APM2 analog pins. Set to 64 on an APM1 for the dedicated 'airspeed' port on the end of the board. Set to 11 on PX4 for the analog 'airspeed' port. Set to 15 on the Pixhawk for the analog 'airspeed' port.	
RNGFND2_POS_X		0	m		X position of the second rangefinder in body frame. Positive X is forward of the origin. Use the zero range datum point if supplied.	
RNGFND2_POS_Y		0	m		Y position of the second rangefinder in body frame. Positive Y is to the right of the origin. Use the zero...	

（c）激光雷达避障参数设置③

命令 △	值	单位	选项	描述	Fav
RNGFND2_RMETRIC	1		0:No 1:Yes	This parameter sets whether an analog rangefinder is ratiometric. Most analog rangefinders are ratiometric, meaning that their output voltage is influenced by the supply voltage. Some analog rangefinders (such as the SF/02) have their own internal voltage regulators so they are not ratiometric.	☐
RNGFND2_SCALING	3	meters/Volt		Scaling factor between rangefinder reading and distance. For the linear and inverted functions this is in meters per volt. For the hyperbolic function the units are meterVolts.	☐
RNGFND2_STOP_PIN	-1		-1:Not Used 50:Pixhawk AUXOUT1 51:Pixhawk AUXOUT2 52:Pixhawk AUXOUT3 53:Pixhawk AUXOUT4 54:Pixhawk AUXOUT5 55:Pixhawk AUXOUT6 111:PX4 FMU Relay1 112:PX4 FMU Relay2 113:PX4IO Relay1 114:PX4IO Relay2 115:PX4IO ACC1 116:PX4IO ACC2	Digital pin that enables/disables rangefinder measurement for an analog rangefinder. A value of -1 means no pin. If this is set, then the pin is set to 1 to enable the rangefinder and set to 0 to disable it. This can be used to ensure that multiple sonar rangefinders don't interfere with each other.	☐
RNGFND2_TYPE	20		0:None 1:Analog 2:MaxbotixI2C 3:LidarLiteV2-I2C 5:PX4-PWM 6:BBB-PRU 7:LightWareI2C 8:LightWareSerial 9:Bebop 10:MAVLink 11:uLanding 12:LeddarOne 13:MaxbotixSerial 14:TrOneI2C 15:LidarLiteV3-I2C	What type of rangefinder device that is connected	☐

（d）激光雷达避障参数设置④

命令 △	值	单位	选项	描述	Fav
RNGFND3_GNDCLEAR	15	centimeters	0 127	This parameter sets the expected range measurement(in cm) that the third range finder should return when the vehicle is on the ground.	☐
RNGFND3_MAX_CM	200	centimeters		Maximum distance in centimeters that rangefinder can reliably read	☐
RNGFND3_MIN_CM	20	centimeters		Minimum distance in centimeters that rangefinder can reliably read	☐
RNGFND3_OFFSET	0	Volts		Offset in volts for zero distance	☐
RNGFND3_ORIENT			0:Forward 1:Forward-Right 2:Right 3:Back-Right 4:Back 5:Back-Left 7:Forward-Left 24:Up 25:Down	Orientation of 3rd rangefinder	☐
RNGFND3_PIN	-1		-1:Not Used 0:APM2-A0 1:APM2-A1 2:APM2-A2 3:APM2-A3 4:APM2-A4 5:APM2-A5 6:APM2-A6 7:APM2-A7 8:APM2-A8 9:APM2-A9 11:PX4-airspeed port 15:Pixhawk-airspeed port 64:APM1-airspeed port	Analog pin that rangefinder is connected to. Set this to 0..9 for the APM2 analog pins. Set to 64 on an APM1 for the dedicated 'airspeed' port on the end of the board. Set to 11 on PX4 for the analog 'airspeed' port. Set to 15 on the Pixhawk for the analog 'airspeed' port.	☐
RNGFND3_POS_X	0	m		X position of the third rangefinder in body frame. Positive X is forward of the origin. Use the zero range datum point if supplied	☐
RNGFND3_POS_Y	0	m		Y position of the third rangefinder in body frame. Positive Y is to the right of the origin. Use the zero range	☐

（e）激光雷达避障参数设置⑤

命令 △	值	单位	选项	描述	Fav
RNGFND3_PWRRNG	0				☐
RNGFND3_RMETRIC	1		0:No 1:Yes	This parameter sets whether an analog rangefinder is ratiometric. Most analog rangefinders are ratiometric, meaning that their output voltage is influenced by the supply voltage. Some analog rangefinders (such as the SF/02) have their own internal voltage regulators so they are not ratiometric.	☐
RNGFND3_SCALING	3	meters/Volt		Scaling factor between rangefinder reading and distance. For the linear and inverted functions this is in meters per volt. For the hyperbolic function the units are meterVolts.	☐
RNGFND3_STOP_PIN	-1		-1:Not Used 50:Pixhawk AUXOUT1 51:Pixhawk AUXOUT2 52:Pixhawk AUXOUT3 53:Pixhawk AUXOUT4 54:Pixhawk AUXOUT5 55:Pixhawk AUXOUT6 111:PX4 FMU Relay1 112:PX4 FMU Relay2 113:PX4IO Relay1 114:PX4IO Relay2 115:PX4IO ACC1 116:PX4IO ACC2	Digital pin that enables/disables rangefinder measurement for an analog rangefinder. A value of -1 means no pin. If this is set, then the pin is set to 1 to enable the rangefinder and set to 0 to disable it. This can be used to ensure that multiple sonar rangefinders don't interfere with each other.	☐
RNGFND3_TYPE	20		0:None 1:Analog 2:MaxbotixI2C 3:LidarLiteV2-I2C 5:PX4-PWM 6:BBB-PRU 7:LightWareI2C 8:LightWareSerial 9:Bebop 10:MAVLink 11:uLanding	What type of rangefinder device that is connected	☐

（f）激光雷达避障参数设置⑥

图1-3-37　设置激光雷达避障参数

（四）带桨调试（整机测试）

带桨调试是指安装上桨叶后进行试飞，根据试飞的状态测试整机的调试情况。

为确保人员和设备的安全，试飞前要进行一系列的检查：

（1）安装螺旋桨，确定电机转向、螺旋桨正反桨安装的正确性。

（2）限制无人机试飞测试。将无人机放在安全防护网内试飞，或通过捆绑的方式限制无人机。无人机第一次试飞可能会出现各种意外情况，通过防护网或捆绑可以有效地保护人员和设备安全。

试飞测试的具体步骤如下：

（1）打开遥控器电源，接通无人机电源，解锁飞行器。根据之前无桨调试时设定的解锁方式进行解锁，解锁后油门保持最低，能使螺旋桨旋转即可。

（2）缓慢推动油门，使无人机缓慢起飞。在推动油门时不要动其他摇杆，当无人机开始离地时观察无人机的飞行趋势，理论上只推油门不做其他任何操作无人机就能垂直起飞，但实际上硬件或软件上的各种原因会导致无人机跑偏。如果无人机一起飞就大幅度地跑偏或翻倒，立刻将油门开到最低，将无人机上锁，再关掉无人机电源，检查问题所在，通常会是线路问题或遥控器通道反相问题。

（3）基本功能检查。在无人机飞起来后，依次缓慢操作遥控器其他通道，如副翼、偏航、升降和飞行模式等，观察遥控器各通道正反相是否正确、各通道是否对应无人机的动作，检验飞行模式是否正确并能正常切换。

（4）飞行性能检查。检查起飞和降落是否平稳、四个基本动作（前进、左右、上下、旋转）角度是否正常、动作是否平稳、动作是否有震动、摇杆回中后无人机回中的响应情况是否及时，此类问题大部分通过地面站调试和PID参数调试解决，各种飞控地面站不相同，调试方法也不同，但基本思路一致。

三、评价反馈

采用过程性评价和终结性评价相结合的方式。

过程性评价主要对小组成员在任务前、任务中、任务后的表现过程进行综合性评价，过程性评价采用自我评价、组内评价和教师综合评价相结合的方式，过程性评价表详见附录2。

终结性评价主要对各小组的完成结果进行考核、测试和评价，终结性评价由老师组织各小组质检员组成质检小组，对各小组的完成结果进行评价打分。本任务的终结性评价如表1-3-7所示。

表1-3-7　项目一任务三终结性评价表

序号	评价大项	评价小项	评价明细	评分标准/分	得分/分
1	选型（30分）	清单是否完整、合理、高性价比	消费级四旋翼无人机零部件选型清单	0 ~ 15	
			消费级四旋翼无人机装调工具清单	0 ~ 5	
			消费级四旋翼无人机装调材料清单	0 ~ 5	
			消费级四旋翼无人机装调软件清单	0 ~ 5	
2	组装（30分）	组装完成度	是否在规定的时间内完成组装（以电机是否能解锁作为依据）	0 ~ 14	
		机械组装工艺	连接是否稳固	0 ~ 2	
			安装位置是否正确	0 ~ 2	
			是否存在螺钉或其他零件安装遗漏	0 ~ 2	
		电气组装工艺	是否存在短路	0 ~ 2	
			是否存在开路	0 ~ 2	
			是否存在插接错误	0 ~ 2	
			是否存在插接遗漏	0 ~ 2	
			是否存在线路整理缺陷	0 ~ 2	
3	调试（30分）	调试完成度	是否能正常起飞（以是否能悬停10 s以上作为依据）	0 ~ 8	
		稳定性	飞行是否稳定，是否出现明显抖动	0 ~ 10	
		舵量	舵量大小是否合适	0 ~ 6	
		飞行模式	是否能切换多种飞行模式	0 ~ 6	
4	9S管理（10分）	—	是否存在卫生打扫、回收、摆放等方面的问题	0 ~ 10	
合计				0 ~ 100	

任务考核

　　某职校因专业教学实训需求，要装调一批消费级四旋翼无人机应用于课堂教学训练，设备要求如下：

① 动力系统类型为电动动力系统；

② 最大空机质量为2 kg，最大起飞全重3 kg；

③ 航时10～15 min；

④ 该设备的零部件清单如表1-3-8所示。

表1-3-8　消费级四旋翼无人机零部件清单

系统	硬件	型号	数量	单位
机体	机架	康鹤KH-301，450 mm碳纤维	1	套
动力系统	电机	2213 KV920	4	个
	螺旋桨	9450	2	对
	电池	4000 mAh 4S 1P	1	块
	电调	猛禽 30 A	4	个
飞行控制与导航系统	飞控	Pixhawk	1	套
	GPS	乐迪SE100	1	套
通信系统	遥控器	AT9S Pro（10通道）	1	套
	接收机	乐迪R9DS	1	个

　　请根据以上要求，完成此消费级四旋翼无人机的组装、调试和测试。

　　任务实施关键信息二维码如图1-3-38所示。

图1-3-38　任务实施关键
信息二维码

 **工业级多旋翼无人机的组装与调试**

 **学习目标**

①　能根据产品性能要求、功能要求和应用需求，查阅相关资料，完成工业级多旋翼无人机的配置选型。

②　能根据装配图、手册等资料，遵循机械装配工艺和电气安装工艺要求使用装调工具完成工业级多旋翼无人机的装配。

③　能使用相关调试软件和工具，完成工业级多旋翼无人机的调试。

④　能使用相关测试软件和工具，完成工业级多旋翼无人机的测试和测试报告的填写与编制。

 任务描述

某公司因业务需求，需要选型装调一批工业级八旋翼无人机，以满足民用无人机驾驶员考证的日常训练和考试，并扩展挂载不同的任务载荷，满足航拍、航测、巡线、巡检等通用行业应用需求。

（1）根据《民用无人机驾驶员管理规定》（AC-61-FS-2018-20R2）、《民用无人机驾驶员合格审定规则》（T/AOPA 0008—2019）的要求，Ⅲ类无人机的质量须满足：4 kg＜空机质量≤15 kg，7 kg＜起飞全重≤25 kg；旋翼数量、轴距、飞控和遥控器等没有明确要求。

（2）根据民用无人机驾驶员考证日常训练和考试的实际需求，工业级多旋翼无人机须满足：

①飞行模式：能在自动定位模式（P模式）、姿态模式（A模式）、手动模式（M模式）间自由切换；

②教练/学员模式：能进行主控、副控自由切换；

③保护功能：能进行失控保护（系统自带、无须设置）、低电压报警（系统自动），高度、距离限制保护（高度100 m、距离150 m），输出动力缺失保护（超过六旋翼数系统自带、无须设置）、动力保护（系统自带、无须设置）。

（3）根据航拍、航测、巡线、巡检等通用行业应用的实际需求，工业级多旋翼无人机须满足：

①动力系统类型为电动动力系统；

②4 kg＜空机质量≤15 kg，7 kg＜起飞全重≤25 kg；

③航时20～30 min；

④能扩展挂载航拍、航测、巡线、巡检等任务载荷系统；

⑤能实现一定的安全冗余，当单发或双发动力失效时，仍能进行控制并安全迫降；

⑥具备较高的稳定性、安全性和一定的智能性；

⑦能实现工业三防（防火、防雨、防尘），能在雨雪天、高寒地区、高温火场、电磁干扰等复杂环境下正常工作。

请根据以上要求，完成工业级八旋翼无人机的配置选型、组装、调试和测试。

一、工业级多旋翼无人机简介

工业级多旋翼无人机是指应用于航测、植保、巡线、巡检、救灾等行业领域，具备特定功能、满足特定性能的无人机。

与消费级多旋翼无人机相比，工业级多旋翼无人机通常具有以下特点：

（1）更多的功能。能在特殊行业应用场景中结合任务载荷系统完成特殊的赋能作业，如航测、植保、巡线、巡检、救灾等。

（2）更高的性能。通常具有更高的安全性、更好的稳定性、更大的起飞全重、更长的航时。

（3）更强的环境适应性。通常能实现工业三防（防火、防雨、防尘），甚至能在雨雪天、高寒地区、高温火场、电磁干扰等复杂环境下正常工作。

（4）一定的可扩展性。由于具备了较高的性能、较强的环境适应性，通常可通过更换任务载荷系统应用于不同的行业领域。

二、工业级多旋翼无人机的配置选型

（一）工业级多旋翼无人机配置选型原则

与消费级多旋翼无人机相比，工业级多旋翼无人机在稳定性、安全性、空机质量与起飞全重、航时、航程、环境适应性能等方面有更高的要求，其配置选型需要考虑的因素和细节更多，配置选型如表1-4-1所示。

表1-4-1　工业级多旋翼无人机的配置选型

项目		类型与特点	选型
大类	小类		
布局结构	机身布局	1. 交叉型：I型、V型，V型机动性更强，且前视相机的视场角不容易被遮挡； 2. 环型：机架质量更大，转动惯量大，灵活性降低，但结构强度更高，不容易振动	多采用V型
	旋翼安装方式——单双桨	1. 单桨：单螺旋桨的效率高； 2. 共轴双桨：在不增加整体尺寸的情况下增加了载重量，减少了螺旋桨对相机视场的遮挡	载重量比要求高时可选用共轴双桨，否则选用单桨
	旋翼安装方式——桨盘角度	1. 水平桨盘：结构简单，俯仰、横滚时机体会产生倾斜，需借助云台保持相机水平； 2. 倾斜桨盘：俯仰、横滚时机体保持水平，无需云台即可保持相机水平（六旋翼或以上）	六旋翼或以上可采用倾斜桨盘
	旋翼安装方式——桨盘位置	1. 桨盘位于机臂上方：螺旋桨产生拉力，着陆时不易损伤螺旋桨，螺旋桨对相机的视野遮挡小； 2. 桨盘位于机臂下方：螺旋桨产生推力，下洗气流完整，防雨性好，不脱桨	根据实际应用需求综合考虑
	机体尺寸	减小多旋翼机体尺寸对惯性、有效负载有很大的影响，并最终影响最大角加速度和线加速度。通常机体尺寸越大，机动性越差	通常轴距在650 mm以上

（续表）

项目		类型与特点	选型
大类	小类		
布局结构	重心位置	重心偏移桨盘平面上方或下方，会降低稳定性	尽量保持重心位于桨盘平面，或稍靠下
	飞行控制系统（自驾仪）位置	飞行控制系统（自驾仪）偏离重心位置较远时会产生离心加速度和切向加速度，造成加速度计的测量误差，即"杆臂效应"	尽量位于重心位置附近
	气动布局	通过减小迎风面积、流线体外形、部件连接处尽量圆滑过渡等方式减小摩擦阻力、压差阻力、诱导阻力、干扰阻力	考虑工业级多旋翼无人机前飞时的倾角，减小最大迎风面积
	机体结构	1．刚度、强度满足负载要求，不晃动、不弯曲； 2．质量尽量轻； 3．合适的长宽高比，轴间距、结构布局适宜	—
	减振	1．机架、机臂不变形，避免产生异步振动； 2．避免电机不平衡，螺旋桨不对称； 3．避免桨夹与电机轴承、螺旋桨中心不共轴； 4．避免飞行控制系统（自驾仪）与机架的隔振不够	—
	起落架	1．固定式起落架，便于起降； 2．收放式起落架，可减少对相机视场的遮挡	两种均有，以收放式为主
动力系统	锂聚合物电池	关键参数：电压、电量、电芯数、充/放电倍率	电量10000 mAh以上，电芯数6S或以上
	无刷电机	关键参数：KV值、电机尺寸	根据推力匹配参数
	电子调速器（电调）	关键参数：电流、电压	40 A以上，参数需与电机匹配
	固定桨距螺旋桨	关键参数：尺寸、桨距、材质、是否可折叠	以碳纤桨、二叶桨为主，大多可折叠

（续表）

项目		类型与特点	选型
大类	小类		
飞行控制与导航系统	飞行控制系统（飞控）	1. 开源飞控：可定制开发，功能强大； 2. 闭源商品飞控：满足特定功能，稳定性高，使用简单	以闭源商品飞控为主
	导航系统	GPS或北斗、RTK（Real-Time Kinematic，载波相位差分技术）	多采用1个以上的GPS或北斗冗余定位导航，配合RTK增强定位精度
通信系统	遥控器	关键参数：通道数、通信距离、摇杆	通信距离要求较高
	无线数据传输系统（无线数传）、无线图像传输系统（无线图传）	关键参数：工作频率、传输功率、最大信号有效距离、通信速率、频道带宽、接收灵敏度	—
任务载荷系统	—	航测遥感系统，植保喷洒系统，抓取运载系统，定高避障系统，激光雷达系统，喊话、照明、喷火等其他任务载荷系统	综合考虑起飞全重、航时、稳定性、定位精度、通信距离等因素

（二）工业级多旋翼无人机配置选型案例

1. 螺旋桨的选型

工业级多旋翼无人机的螺旋桨多选用碳纤桨、二叶桨，大多可折叠。

工业级多旋翼无人机的螺旋桨尺寸可由轴距、轴数计算得出。

如图1-4-1所示，工业级八旋翼无人机的轴距为1080 mm。

在三角形ABC中，$AC=BC=1080/2$ mm$=540$ mm，$\angle ACB=360°/8=45°$。

根据余弦定理计算AB的距离，$AB\approx413.3$ mm$\approx413.3/25.4$ in≈16.27 in，为防止相邻螺旋桨碰撞，螺旋桨的直径应该小于16.27 in，可选用16 in、15 in、14 in螺旋桨，如16 in×6 in、15 in×5.5 in、14 in×4.7 in碳纤维折叠螺旋桨均可。

图1-4-1　工业级八旋翼无人机俯视图

2. 飞行控制系统的选型

工业级多旋翼无人机大多选用较成熟的闭源商品飞控，因其能满足特定功能，并具备较高的稳定性、安全性。

目前市场上比较流行的国产工业级多旋翼无人机闭源商品飞控有DJI A3/A3 Pro飞控系统、易瓦特EWISE V3多旋翼无人机飞控系统、拓攻M2多旋翼飞行控制器、极飞科技的SuperX4智能控制系统等。以下简单介绍其中几种。

（1）DJI A3/A3 Pro飞控系统。

DJI A3/A3 Pro飞控系统，可融合高度集成的多余度冗余硬件，具备高可靠性和抗风险能力。丰富的通信、SDK接口，可满足专业用途定制的需求。配合使用DJI Lightbridge 2高清图传，可支持DJI GO App，获得先进的智能飞行功能。兼容DJI的智能起落架、云台、智能飞行电池等设备，并支持更高精度的DJI D-RTK GPS方案。

DJI A3飞控系统包含主控制器、GPS-Compass Pro、PMU（Power Management Unit，电源管理单元）和LED四个模块，如图1-4-2所示。DJI A3 Pro飞控系统在DJI A3飞控系统的基础上，外接IMU（Inertance Management Unit，惯性测量单元）Pro模块、GPS-Compass Pro模块两个套件，形成三余度冗余系统。

图1-4-2　DJI A3飞行控制系统

（2）易瓦特EWISE V3多旋翼无人机飞控系统。

易瓦特EWISE V3多旋翼无人机飞控系统，是专为多旋翼无人机行业应用而开发的一款高集成度的飞行控制与导航系统，该飞控系统采用模块化的软硬件架构，具备高可靠性和稳定的飞行性能，同时支持远距离厘米级高精度定位以及基于蜂窝网络的无人机控制。

该飞控系统集成了高精度航姿参考系统、电源管理系统和小功率卫星数据链路系统，支持四轴、六轴、八轴、共轴双桨等机型，支持双目、红外、激光等自主避障功能，并针对电力、通信等特殊行业应用要求，优化了飞控系统电路结构，增强了抗电磁干扰能力。

该飞控系统可搭配RTK差分系统、数图传输模块、机载计算平台等，广泛应用于航拍测绘、管网巡查、安防警用、物流运输等领域。

（3）拓攻M2多旋翼飞行控制器。

拓攻M2多旋翼飞行控制器（以下简称M2飞控）具有可靠的双余度系统（双GPS、双IMU），在设计上注重产品性能，采用全新的多传感器融合算法、姿势及位置控制算法，同时支持厘米级高精度定位和远距离数传，极大地提升了无人机的各项性能。

M2飞控具有强大的产品性能，采用汽车级的陀螺仪和加速度计，陀螺仪精度相比上一代产品提高20倍，抗震能力提高10倍；加速度计采用氮气阻尼减震设计，抗震动能力和精度更高。同时，M2的IMU进行了全温度范围校准，结合全新的传感器融合算法，姿态测量的精度能达到0.5度以内。

M2飞控采用一体化柔性PCB（Printed Circuit Board，印制电路板或印刷线路板）设计，IP65防护等级，防浪涌、防静电等级8000 V，达到工业级可靠性。

M2飞控可搭载机载计算平台Apollo、M2地面站、RTK差分系统、数据传输模块、云台吊舱，具有系统稳定、智能度高、精度高、复杂环境适应性能强等特点，可广泛应用于航拍测绘、管网巡查、安防警用、物流运输等领域。

3. 其他零部件或子系统的选型

其他零部件或子系统的选型，可参见前述"任务二　穿越机的组装与调试""任务三　消费级多旋翼无人机的组装与调试"。

如电调的选型，X4112S KV340电机的最大连续电流为30 A/30 S，综合考虑电调的性能及成本，可选取电调的参数为：持续输出电流40 A，瞬间最大电流（10 s）60 A。

三、工业级多旋翼无人机的组装

工业级多旋翼无人机的组装总体原则、组装流程、组装工艺，与穿越机、消费级多旋翼无人机基本相似，可参见前述"任务一　无人机组装与调试基础"。

鉴于工业级多旋翼无人机对稳定性、安全性的要求更高，其组装工艺要求也更高，如机架、机臂的刚度和强度要求、连接紧固要求（螺纹连接需要涂螺纹胶）、布线工艺要求等更高。

四、工业级多旋翼无人机的调试

工业级多旋翼无人机多采用闭源商品飞控，以满足特定功能要求，并具备较高的稳定性、安全性和智能性。

闭源商品飞控的调试比开源飞控更简单，从官方网站下载调试软件和文档手册，按文档手册逐步操作即可，国内常见闭源商品飞控调试软件如表1-4-2所示。

表1-4-2　国内常见闭源商品飞控调试软件

飞控	调试软件	官网
DJI A3/A3 Pro	DJI Assistant 2 For Autopilot调参软件	www.dji.com
易瓦特EWISE V3	EWISE V3调参软件	www.ewatt.com
拓攻M2	TopXGun调参软件	www.topxgun.com
极飞Super X4	极飞农业App	www.xa.com

五、工业级多旋翼无人机的测试

（一）零部件测试

工业级多旋翼无人机整机质量和性能，与零部件质量息息相关，在进行装配前，应对装配零部件进行检查，确保组装前各零部件质量合格。

1. 零部件分类

机体结构件：中心板、机臂、脚架、电池仓、螺旋桨、铝柱等。

电子电气部件：电池、飞控、电调、电机、图传、数传、遥控器、接收机、舵机、连接线、绝缘件等。

2. 测试方案

（1）机体结构件。

机体结构件组成了工业级多旋翼无人机整机结构主体，需要承载飞行载荷，承受起降冲击，安装、携带任务设备。为防止机体结构缺陷引起风险，必须逐一检查出厂状态是否质量合格，有无变形、裂纹、缺陷等影响安全的隐患。对机体结构件的检查可参考表1-4-3，逐一进行检查，可根据实际需要修改表格形式及检查项目，以符合实际要求。

表1-4-3　工业级多旋翼无人机机体结构件检查记录表

名称	检查项目	检查结果	备注
中心板	变形、裂纹		
机臂	变形、裂纹		
脚架	变形、裂纹		
电池仓	变形、裂纹		
螺旋桨	变形、裂纹		
铝柱	变形、裂纹		
……	……		

工业级多旋翼无人机机体结构件的测试主要是针对螺旋桨的测试。

螺旋桨的静平衡测试：螺旋桨装在无人机上高速旋转，转速高达数万转，如果螺旋桨的平衡性不好，会影响飞行稳定性，并产生振动、噪声等。因此，螺旋桨的动平衡和静平衡非常重要，好的静平衡是动平衡的基础。桨平衡器可以用来检测螺旋桨的静平衡。理想的静平衡状态是螺旋桨无论处于哪个角度均能自行静止，如果

某螺旋桨静止时一边的位置总是"下沉"，应找出这个螺旋桨两边的差异，并进行修正、再测试，直到合格。修复的方法有两种：

①削减法，在重的那片桨叶上用刀进行削减，或用砂纸进行打磨，从而使两片桨叶质量一样，最终达到水平平衡。

②增重法，在轻的那片桨叶上增加质量，可采取贴胶布、滴胶水、涂指甲油、喷漆等方式，使两片桨叶质量一样，最终达到水平平衡。

螺旋桨的动平衡测试：螺旋桨重心的轴向位置不一致，则螺旋桨转动时各叶产生的离心力将不在垂直于桨轴轴线的同一平面内，造成不平衡动力的力偶，从而导致螺旋桨和轴系的振动，这种现象对高转速螺旋桨的影响尤为显著。动平衡机可以用来检测螺旋桨的动平衡，包括不平衡量的测量和校正两个步骤，根据平衡机测出的数据对螺旋桨的不平衡量进行校正，可改善螺旋桨相对于轴线的质量分布，使螺旋桨旋转时产生的振动或作用于轴承上的振动力减小到允许的范围之内。

（2）电子电气部件。

电子电气部件掌管无人机的"大脑"和"神经"。查验原则是数量齐全，接插件完好（镀金层光亮），线皮、线芯无氧化或损伤，可参考表1-4-4。

表1-4-4　工业级多旋翼无人机电子电气部件检查记录表

名称	检查项目	检查结果	备注
电池	完整，无破损、鼓包、漏液、腐蚀		
飞控	飞控本体、接插件、相关飞控组件正常		
电调	通电正常		
电机	通电转动		
图传	图传地面端、天空端的通信		
数传	数传地面端、天空端的通信		
遥控器、接收机	遥控器、接收机对频		
舵机	完整，无破损		
连接线	完整，无破损		
绝缘件	完整，无破损		
……	……		

工业级多旋翼无人机电子电气部件的测试主要针对电池、飞控、电机、图传、数传、遥控器、舵机等。

①电池测试。

电池电压测试：电池电压可用低电量报警器测试，低电量报警器简称电压显示器，主要有两个功能，即电压显示和低压报警。用于1S ~ 8S的锂电池检测，可自动检测锂电池每个电芯的电压和总电压，支持反向连接保护。它可以随时随地地了解电池的工作状态，防止电池因为过放或过充而造成伤害。当电压低于设定值时，蜂鸣器就会响起，并且红色LED灯会闪烁。

电池容量测试：以满电电压和设定的终止电压为参数，用恒定电流0.5 C放电进行测试。把电池充满电，单只电池充满电后的电压是4.2 V；用恒定电流0.5 C放电，终止电压设定为3 V；用恒定电流放电的时间乘以放电电流就是电池容量。若恒定电流放电的时间不能达到2 h，那么电池的蓄电性能已降低。

②飞控测试。

飞控是无人机的核心部件，其安全性和可靠性的控制要求极高，在组装过程中对飞控的调试也占据大量时间。故而提前对飞控进行必要的测试有利于提高调试效率。飞控的测试内容主要为对通信接口的测试，如I2C总线和S-BUS总线。I2C总线主要用于飞控板与各控制部分间的通信，如定高超声波模块和光流模块等。S-BUS总线主要用于接收机与飞控间的通信。通过示波器可对I2C总线和S-BUS总线信号进行观测，测试指令发送的正确性、返回数据的传输正确性及信号本身的传输质量，快速检查通信质量。

③电机测试

电机拉力的测试：制作一个电机拉力测试装置，拉力计固定在轨道一端，电机水平固定在轨道上但可滑动，在初始位置桨打不到滑轨处开始推油门，拉力计显示的数值即为电机拉力。

电机转速的测试：运用霍尔开关检测法，在电机转动部分固定一块磁铁，在磁铁运动轨迹的圆周外缘设置一个霍尔开关，电机转动时霍尔开关周期性感应磁力线，产生脉冲电压，在一定时间内对脉冲进行计数，就可以换算出电机转速。

④图传、数传测试。

安装有图传、数传的无人机会实时将无人机的飞行状态参数和图像画面通过无线信号发送到地面站或者显示器上。可通过频谱分析仪测试无线传输信号的频率范围及功率大小。

⑤遥控器测试。

遥控器与接收机间的信号质量直接决定着对无人机的飞行操控性。可以通过频谱分析仪对遥控器发出的无线信号的频率稳定度、频率偏差、占用带宽、通道功率等进行测量。

⑥舵机测试。

舵机可用舵机测试器测试，主要用来检测舵机的虚位、抖动和中位，也可用来测量无刷电机的接线和转向的对应关系。

（二）整机测试

将经过测试且符合标准的零部件装配成整机，还需要进行工业级多旋翼无人机整机性能测试。整机性能测试是检验工业级多旋翼无人机装调正确性、保证安全飞行的重要环节。

1. 整机测试飞行试验大纲的拟订

民用无人机的试飞大纲可根据实际使用情况编制，以下为某企业的工业级多旋翼无人机整机测试飞行试验大纲的部分内容。

工业级多旋翼无人机整机测试飞行试验大纲

1. 试验目的：测试该款工业级多旋翼无人机的性能指标是否达到设计要求。

2. 试验对象：某款工业级多旋翼无人机。

3. 试验项目：最大起飞质量、航时、最大飞行速度等。

4. 试验场地：室内飞行场或室外空旷场地。

5. 试验设备：1台工业级多旋翼无人机、遥控器、计时器。

6. 试验人员：飞行操作手1人、记录人员1人。

7. 试验方案：

（1）最大起飞质量测试。

测试方法：先采用无人机载重量测试装置测试工业级多旋翼无人机的载重量，然后根据无人机型号对测重块的质量和测力传感器的规格进行选配，再将装置的牵引绳一端连接测重块，另一端固定在无人机底部，将测重块放

置在测力传感器上方，持续推油门，当测力传感器数值不再变化时，即可测出工业级多旋翼无人机最大载重量，最后用电子秤称出工业级多旋翼无人机机体质量，最大载重量加机体质量即为最大起飞质量。

（2）航时测试。

测试方法：启动电池电量饱和的无人机，开始记录航时，控制工业级多旋翼无人机在室内飞行场悬停，直至无人机的电池电压降至保护电压，降落至地面上，停止记录航时。

（3）最大飞行速度测试。

测试方法：测试工业级多旋翼无人机最大飞行速度时，无人机正常运行，升至3 m高度，记录此时位置为S1，以最大速度水平飞行10 s，记录此时位置为S2，测出S1到S2的距离L，按照公式$v=L/10$计算最大飞行速度。

（4）最大通信距离测试。

测试方法：在远离城市的空旷区域，用直线飞出"拉距法"测定，测试前需要设置"地面站失联保护返航"，地面站信号弱就自动返航，由此测定最大通信距离。

（5）工业三防（防火、防雨、防尘）测试。

测试方法：在雨雪天、高寒地区、高温火场、电磁干扰等多种复杂环境下执行飞行任务，飞行过程中无人机运行正常，能安全降落。降落后对机体进行检查，并无异常。

8. 试验步骤：

（1）按飞行载具检查单，对飞行载具进行检查，并记录。

飞行载具检查单

检查项目	目标状态	实际情况
外观检查	正常	
中心板	完好	
机臂	完好	
脚架	完好	
电池仓	完好	
螺旋桨	完好、旋向正确	

（续表）

检查项目	目标状态	实际情况
电池	正常	
飞控	正常	
电调	正常	
电机	正常	
舵机	活动，无卡阻	
……	……	

（2）按航前检查单，依次对飞行环境及飞行器进行检查，并记录。

航前检查单

检查项目	目标状态	实际情况
起降环境，气象条件	符合规定	
解锁	正常	
手控舵面	正常	
重心	正常	
起飞质量	正常	
机身多余物品	清除	
动力检查	正常	
……	……	

（3）两名飞行试验人员相互配合，操作手进行飞行测试，记录人员填写飞行测试记录单。

飞行测试记录单

阶段	测试项目	技术指标	测试结果
起飞阶段	起飞质量（kg）		
	……		
飞行阶段	航时（min）		
	飞行速度（m/s）		
	通信距离（km）		
	工业三防（防火、防雨、防尘）		
	……		

9. 试验报告：

测试报告单

机型	测试项目	测试/分析结果	结论
	起飞质量		
	飞行速度		
	航时		
	通信距离		
	工业三防		
	陀螺仪		
	加速度计		
	……		

2. 飞行试验阶段

飞行试验阶段，按照试飞程序进行准备和放飞，由至少2名人员合作完成，1名无人机驾驶员负责工业级多旋翼无人机的飞行操作，并观察无人机的飞行状态，1名人员负责记录数据和实时监控。

一、任务准备

（一）零部件准备

根据任务要求，结合"学习储备"中的选型原则和方法，完成零部件选型。填写工业级八旋翼无人机零部件选型清单，如表1-4-5所示。

表1-4-5　工业级八旋翼无人机零部件选型清单

系统	硬件	型号	数量	单位
机体	机架	迪飞DF-EDU 05J，1080 mm碳纤维	1	套
	电池仓	迪飞DF-BH 05	1	套
	分电板	7盎司 大电流分电板	1	块
动力系统	电调	XRotor Pro 40 A	8	个
	电机	X4112S KV340	8	个

（续表）

系统	硬件	型号	数量	单位
动力系统	螺旋桨	1555折叠桨	4	对
	电池	锂聚合物电池，16000 mAh 6S 25 C	1	块
飞行控制与导航系统	飞控套件	DJI A3	1	套
通信系统	遥控器	WFT09Ⅱ 1024	1	套
	接收机	RD201W	1	个
	数传	DJI Lightbridge 2	1	套

　　根据零部件选型清单，分门别类地整理、摆放好零部件。工业级八旋翼无人机零部件的整理、摆放如图1-4-3所示。

图1-4-3　工业级八旋翼无人机零部件的整理、摆放

（二）装调工具准备

　　根据零部件选型清单，选择合适的装调工具，填写工业级八旋翼无人机装调工具清单，如表1-4-6所示。

表1-4-6　工业级八旋翼无人机装调工具清单

工具名称	工具型号	数量	单位
内六角螺丝刀	2.0 mm/2.5 mm/3.0 mm	各1	把
斜口钳	5 in	1	把
电烙铁	907S	1	把
烙铁架	金属圆盘烙铁架	1	套
套筒	M5.5	1	把
剥线钳	7 in	1	把
防静电镊子	直扁头	1	把
调参数据线	安卓Type-C二合一	1	根

（三）装调材料准备

根据零部件选型清单，选择合适的装调材料，填写工业级八旋翼无人机装调材料清单，如表1-4-7所示。

表1-4-7　工业级八旋翼无人机装调材料清单

材料名称	材料参数	数量	单位
焊锡	0.8 mm	1	卷
双面胶	12 mm（宽）×5 m（长）×1.2 mm（厚）	1	卷
香蕉头	3.5 mm公母头	24	对
电源线	14 AWG	10	cm
	10 AWG	25	cm
插头	XT60母头	1	个
	XT90公头	1	个

（四）装调软件准备

根据零部件选型清单，选择合适的装调软件，填写工业级八旋翼无人机装调软件清单，如表1-4-8所示。

表1-4-8　工业级八旋翼无人机装调软件清单

软件名称	软件版本	备注
Microsoft Windows操作系统	7或10	—
DJI Assistant 2 For Autopilot	V2.0.3或以上	大疆官网下载

（五）电气原理图

查询资料手册，弄清楚工业级八旋翼无人机电气原理图，如图1-4-4所示。

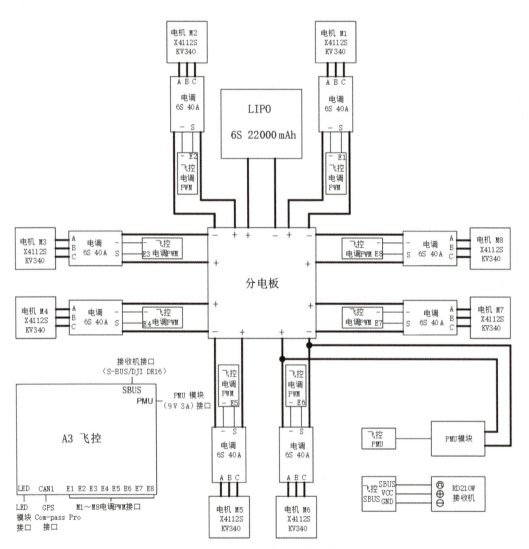

图1-4-4　工业级八旋翼无人机电气原理图

（六）组装接线图

根据电气原理图，结合零部件选型清单，画出工业级八旋翼无人机组装接线图，如图1-4-5所示。

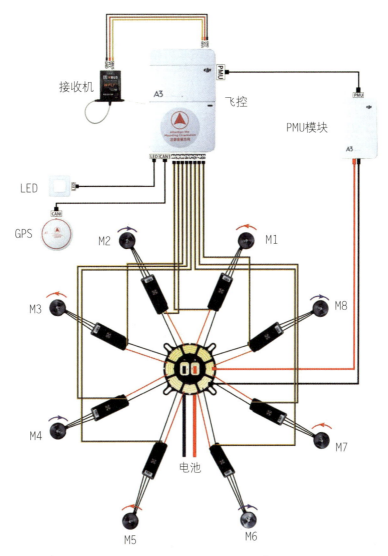

图1-4-5　工业级八旋翼无人机组装接线图

二、任务流程

（一）零部件测试

组装前，需要对关键零部件进行检查和测试，确保组装前各零部件质量合格，填写工业级八旋翼无人机零部件检查记录表，如表1-4-9所示。

表1-4-9　工业级八旋翼无人机零部件检查记录表

序号	测试项目	要求指标	检查指标	检查结果	备注
1	中心板	无变形、裂纹	无	合格	
2	机臂	无变形、裂纹	无	合格	
3	脚架	无变形、裂纹	无	合格	
4	电池仓	无变形、裂纹	无	合格	
5	螺旋桨	无变形、裂纹	无	合格	
6	铝柱	无变形、裂纹	无	合格	
7	电池	完整，无破损、鼓包、漏液、腐蚀	无	合格	
8	飞控	飞控本体、接插件、相关飞控组件正常	正常	合格	
9	电调	通电正常	正常	合格	
10	电机	转速、拉力正常	正常	合格	
11	图传	图传地面端、天空端的通信正常	正常	合格	
12	数传	数传地面端、天空端的通信正常	正常	合格	
13	遥控器、接收机	遥控器、接收机对频	正常	合格	
14	舵机	通电正常	正常	合格	
15	连接线	完整，无破损	完整	合格	
16	绝缘件	完整，无破损	完整	合格	
……	……	……	……	……	

（二）组装

根据本机零部件选型清单，查询相关资料手册，结合组装工艺，绘制此工业级八旋翼无人机组装流程图，如图1-4-6所示。

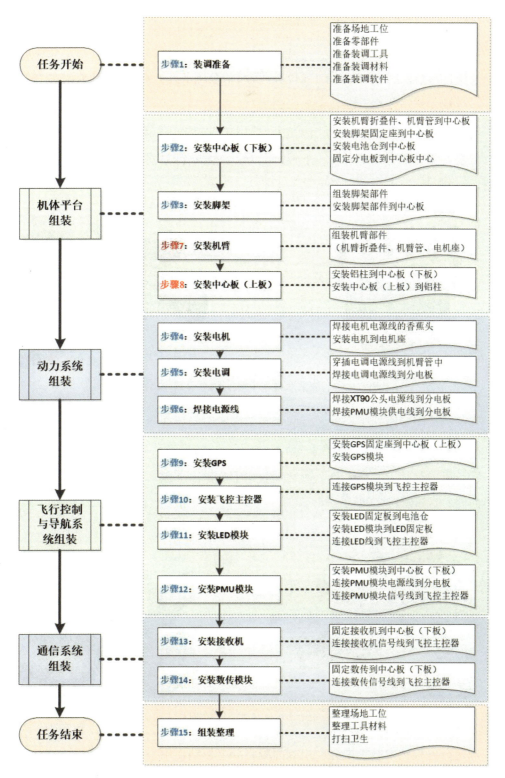

图1-4-6　工业级八旋翼无人机组装流程图

根据组装流程图开始组装，步骤如下。

1. 步骤1：装调准备

按任务准备要求，准备好场地工位、零部件、装调工具、装调材料和装调软件等。

2. 步骤2：安装中心板（下板）

安装机臂折叠件、机臂管到中心板。选用M3×8内六角螺钉，将机臂折叠件、机臂管依次安装并固定在中心板（下板）上方，注意螺钉紧固前需要涂螺纹胶防松，如图1-4-7所示。

图1-4-7　安装机臂折叠件、机臂管到中心板

安装脚架固定座到中心板。将两个脚架固定座安装并固定在中心板（下板）下方，注意倾斜方向朝外，如图1-4-8所示。

安装电池仓到中心板。将电池仓安装在中心板（下板）下方，注意电池快拆板的方向朝后，如图1-4-9所示。

图1-4-8　安装脚架固定座到中心板　　　　图1-4-9　安装电池仓到中心板

固定分电板到中心板中心。用双面胶将分电板粘在中心板（下板）的中心位置上，如图1-4-10所示。

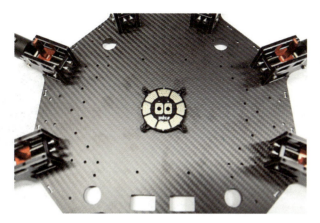

图1-4-10　固定分电板到中心板中心

3. 步骤3：安装脚架

组装脚架部件。将脚架零件装配成部件，如图1-4-11所示。

安装脚架部件到中心板。将脚架部件安装至中心底板下方，注意左右对称，确保脚架接触地面能放置平稳，如图1-4-12所示。

图1-4-11　组装脚架部件

图1-4-12　安装脚架部件到中心板

4. 步骤4：安装电机

焊接电机电源线的香蕉头。将电机电源线裁剪至合适的长度，焊接好香蕉头公头并套上热缩管，如图1-4-13所示。

安装电机到电机座。选用M3×8的杯头内六角螺钉，将电机安装在电机座上，注意螺钉不能过长，以免顶到电机线圈造成短路，螺钉紧固前需要涂螺纹胶防松，如图1-4-14所示。

图1-4-13　焊接电机电源线的香蕉头　　　　图1-4-14　安装电机到电机座

5. 步骤5：安装电调

穿插电调电源线到机臂管中。整理好电调，将电调电源线和信号线从机臂折叠件中穿过并裁剪至合适的长度，如图1-4-15所示。

焊接电调电源线到分电板。准备好电烙铁、焊锡，并对电烙铁适当加热。将电调电源线焊接在分电板外侧，注意红色线接正极，黑色线接负极，如图1-4-16所示。

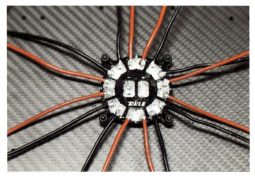

图1-4-15　穿插电调电源线到机臂管中　　　　图1-4-16　焊接电调电源线到分电板

6. 步骤6：焊接电源线

焊接XT90公头电源线到分电板。使用电烙铁将XT90公头电源线（接动力电池）焊接在分电板中心孔的下方，注意红色线接正极，黑色线接负极，如图1-4-17所示。

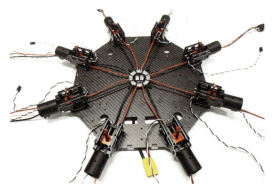

图1-4-17　焊接XT90公头电源线到分电板

焊接PMU模块供电线到分电板。使用电烙铁将PMU模块XT60母头电源线焊接在分电板上方外侧任一电源焊点上，注意红色线接正极，黑色线接负极，如图1-4-18所示。

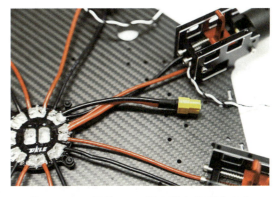

图1-4-18　焊接PMU模块供电线到分电板

7. 步骤7：安装机臂

组装机臂部件。将电调置于机臂管内，使电调电源线刚好伸出机臂管一部分。将机臂管安装至机臂折叠件上，注意电调线不要交叉，折叠时应顺畅、不干涉、不拉扯，每根机臂管应保持一样的长度，如图1-4-19所示。

图1-4-19　组装机臂部件

将电机座（已安装电机）安装并固定在机臂管上，注意两个红色电机座应装在正前方两个机臂上，用以识别机头方向，如图1-4-20所示。

图1-4-20　安装电机座部件到机臂（红色电机座为机头方向）

8. 步骤8：安装中心板（上板）

安装铝柱到中心板（下板）。将黑色铝柱安装固定在中心板（下板）的上方，用于支撑中心板（上板），如图1-4-21所示。

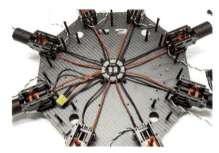

图1-4-21　安装铝柱到中心板（下板）

安装中心板（上板）到铝柱。将中心板上板的孔位对准铝柱孔位，并用螺钉安装固定。

9. 步骤9：安装GPS

安装GPS固定座到中心板（上板）。将GPS固定座安装在中心板（上板）的前方，如图1-4-22所示。

安装GPS模块。用双面胶将GPS粘贴在GPS支架上，再将GPS支架安装在GPS固定座上。注意双面胶尽量粘贴在GPS的正中心，GPS粘贴在GPS支架上时应尽量粘贴在中心，GPS支架安装在GPS固定座上时应将箭头指向正前方，如图1-4-23所示。

图1-4-22　安装GPS固定座到中心板　　　　图1-4-23　安装GPS模块
（上板）

10. 步骤10：安装飞控主控器

用双面胶将A3主控器背面粘贴到飞控安装板上，注意左右居中、靠前，飞控箭头朝前并保证粘贴牢固可靠，如图1-4-24所示。

连接GPS模块到飞控主控器。将GPS模块线从飞控安装板背面、飞控后方穿出后插入飞控GPS模块接口，如图1-4-25所示。

图1-4-24　安装飞控主控器

图1-4-25　连接GPS模块到飞控主控器

11. 步骤11：安装LED模块

安装LED固定板到电池仓。将LED固定板安装在电池仓支撑架上，注意LED固定板应朝后，方便后续安装LED模块时灯朝后方照射。

安装LED模块到LED固定板。将LED模块（集成了LED指示灯和USB接口）背面粘贴在LED固定板上。注意LED指示灯应该朝后，方便操控者识别，USB接口不能被遮挡，方便插拔数据线，如图1-4-26所示。

图1-4-26　安装LED模块到LED固定板

连接LED线到飞控主控器。将LED线从飞控安装板背面、飞控后方穿出后再插入飞控LED模块接口。再将M1~M8电调信号线从飞控安装板背面、飞控后方穿出后依次插入飞控电调PWM接口，注意电调信号线接入的正负极应该是负极在上，如图1-4-27所示。

12. 步骤12：安装PMU模块

安装PMU模块到中心板（下板）。将PMU模块粘贴在中心板（下板）上。

连接PMU模块电源线到分电板。将PMU模块电源线与分电板上焊接的PMU模块电源线进行连接。

图1-4-27　连接LED线到飞控主控器

连接PMU模块信号线到飞控主控器。将PMU模块信号线从飞控安装板背面、飞控右侧穿出后插入飞控PMU模块接口，如图1-4-28所示。

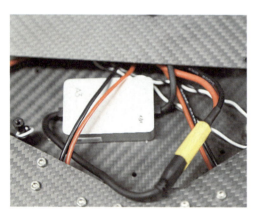

图1-4-28　连接PMU模块信号线到飞控主控器

13. 步骤13：安装接收机

固定接收机到中心板（下板）。将接收机背面粘贴在中心板（下板）上。注意粘贴接收机时应选择合适的位置，保证接收机天线能在无人机机尾方向的孔或缝隙中穿出。

连接接收机信号线到飞控主控器。选用杜邦线，将接收机与飞控主控器进行连接，如图1-4-29所示。

图1-4-29　连接接收机信号线到飞控主控器

14. 步骤14：安装数传模块

固定数传到中心板（下板）。将数传背面粘贴在中心板（下板）上。

连接数传信号线到飞控主控器。将数传信号线与飞控主控器进行连接。

15. 步骤15：组装整理

按9S管理要求，整理场地工位、整理工具材料、打扫卫生。至此，工业级八旋翼无人机组装完毕，组装整机如图1-4-31所示。

图1-4-30　数传系统

图1-4-31　工业级八旋翼无人机整机（迪飞DF-EDU 05）

（三）无桨调试

无桨调试是指在无人机整机组装完成后、带桨调试（整机测试）前，通过调试软件对飞控系统、动力系统、通信系统等相关参数进行设置、调试、校准和查看等，使无人机的飞行操控更稳定、更安全。

此工业级八旋翼无人机使用DJI A3飞行控制系统，使用DJI Assistant 2 For Autopilot装调软件进行调试，调试流程如图1-4-32所示。

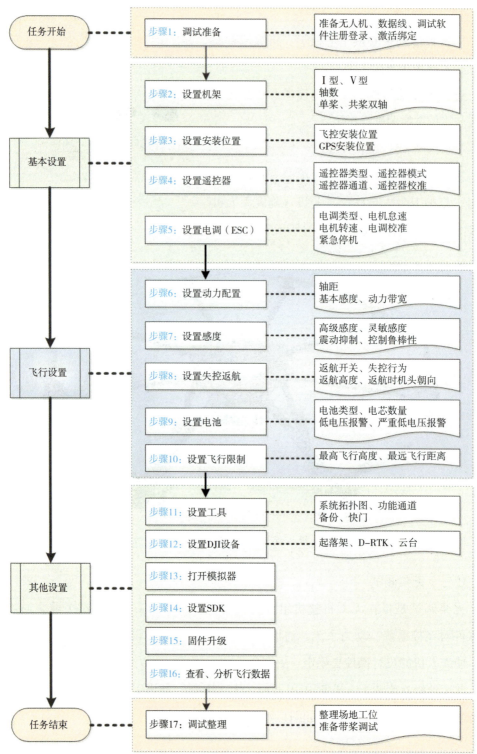

图1-4-32 工业级八旋翼无人机调试流程图

1. 步骤1：调试准备

（1）准备无人机、数据线、调试软件DJI Assistant 2 For Autopilot。

准备已组装好的待调试无人机，将螺旋桨从无人机上卸下。

准备好调试用数据线，将数据线的一头连接无人机A3飞控，另一头连接电脑USB接口。

（2）注册登录、激活绑定。

运行调试软件，用手机号注册，并登录，如图1-4-33所示。

首次使用时需要激活，并绑定，如图1-4-34所示。

图1-4-33　注册登录

图1-4-34　激活绑定

2. 步骤2：设置机架

设置机架类型，注意区分I型与V型、轴数、单桨与共桨双轴，如图1-4-35所示。

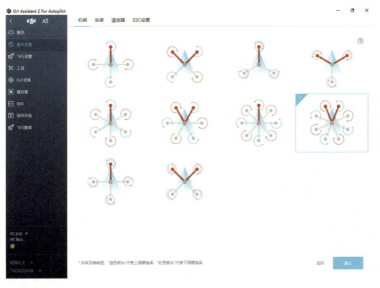

图1-4-35　设置机架

3. 步骤3：设置安装位置

设置飞控安装位置、GPS安装位置，注意区分X、Y、Z轴的方向，如图1-4-36所示。

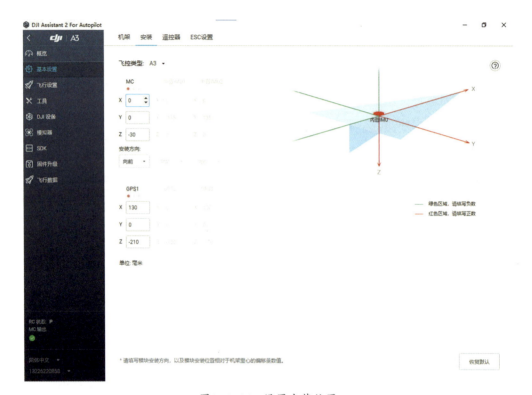

图1-4-36　设置安装位置

4. 步骤4：设置遥控器

设置遥控器类型、模式、通道，校准遥控器，如图1-4-37所示。

（a）遥控器设置①

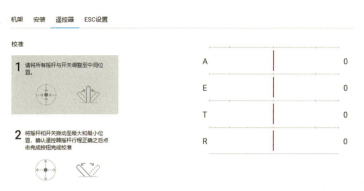

（b）遥控器设置②

（c）遥控器设置③

（d）遥控器设置④

图1-4-37　设置遥控器

5. 步骤5：设置电调（ESC）

设置电调类型、电机怠速、电机转速、电调校准、紧急停机等，如图1-4-38所示。

图1-4-38　设置电调（ESC）

6. 步骤6：设置动力配置

设置轴距、基本感度、动力带宽，俯仰、横滚、航向、油门通道可分别设置，如图1-4-39所示。

图1-4-39　设置动力装置

7. 步骤7：设置感度

设置高级感度、灵敏感度、震动抑制、控制鲁棒性，如图1-4-40所示。

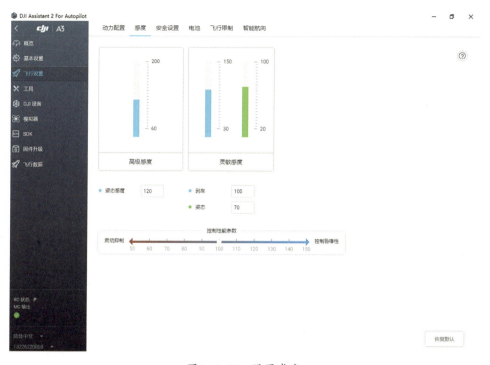

图1-4-40　设置感度

8. 步骤8：设置失控返航

设置返航开关、失控行为、返航高度、返航时机头朝向，如图1-4-41所示。

图1-4-41　设置失控返航

9. 步骤9：设置电池

设置电池类型、电芯数量、低电压报警、严重低电压报警，如图1-4-42所示。

图1-4-42　设置电池

10. 步骤10：设置飞行限制

设置最高飞行高度、最远飞行距离，如图1-4-43所示。

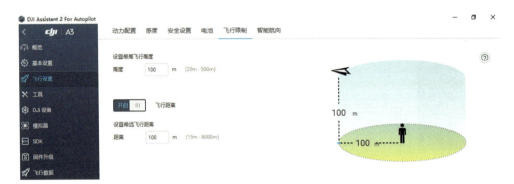

图1-4-43　设置飞行限制

11. 步骤11：设置工具

设置项目包括系统拓扑图、功能通道、备份、快门等，如图1-4-44所示。

图1-4-44　设置工具

12. 步骤12：设置DJI设备

设置项目包括起落架、D-RTK、云台等，如图1-4-45所示。

（a）起落架设置

（b）D-RTK设置

图1-4-45　设置DJI设备

13. 步骤13：打开模拟器

打开模拟器，注意使用模拟器前必须拆卸桨叶，并避免物体与电机接触，如图1-4-46所示。

14. 步骤14：设置SDK

设置DJI Onboard SDK相关参数，如图1-4-47所示。

图1-4-46　打开模拟器

图1-4-47　设置SDK

15.　步骤15：固件升级

选择固件列表，进行升级、降级、刷新，如图1-4-48所示。

图1-4-48　固件升级

16. 步骤16：查看、分析飞行数据

使用Data Viewer查看、分析无人机飞行数据文件，以实现无人机的性能分析与故障诊断，如图1-4-49所示。

（a）查看、分析飞行数据①

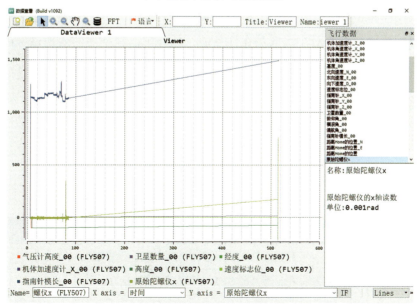

（b）查看、分析飞行数据②

图1-4-49　查看、分析飞行数据

17. 步骤17：调试整理

整理场地工位，为下一阶段的带桨调试做好准备。

（四）带桨调试（整机测试）

带桨测试是指在无人机整机组装、无桨调试完成后，通过对无人机进行上桨、上电、试飞，测试无人机整机飞行稳定性、舵量、感度、飞行模式切换等是否合适或正常。

此工业级八旋翼无人机轴距较大、质量较重，带桨调试（整机测试）时需遵循安全操作规范，做好安全防护。

带桨调试（整机测试）人员、场地准备如下：

（1）在专用的试飞场，做好周边人员和自身的安全防护措施，如布置好安全网、戴好安全帽等，安装上螺旋桨。

（2）先给遥控器上电，再给无人机上电，并确保初始化正常。

（3）进行地磁校验。

（4）按照飞行试验大纲，2名人员合作完成无人机的整机测试。

三、评价反馈

采用过程性评价和终结性评价相结合的方式。

过程性评价，主要对小组成员在任务前、任务中、任务后的表现过程进行综合性评价，过程性评价采用自我评价、组内评价和教师综合评价相结合的方式，过程性评价表详见附录2。

终结性评价，主要对各小组的完成结果进行考核、测试和评价，终结性评价由老师组织各小组质检员组成质检小组，对各小组的完成结果进行评价打分。本任务的终结性评价如表1-4-10所示。

表1-4-10　项目一任务四终结性评价表

序号	评价大项	评价小项	评价明细	评分标准/分	得分/分
1	选型（20分）	清单是否完整、合理、性价比高	工业级八旋翼无人机零部件选型清单	0～12	
			工业级八旋翼无人机装调工具清单	0～3	
			工业级八旋翼无人机装调材料清单	0～3	
			工业级八旋翼无人机装调软件清单	0～2	

（续表）

序号	评价大项	评价小项	评价明细	评分标准/分	得分/分
2	组装（30分）	组装完成度	是否在规定的时间内完成组装（以电机是否能解锁作为依据）	0~14	
		机械组装工艺	连接是否稳固	0~2	
			安装位置是否正确	0~2	
			是否存在螺钉或其他零件安装遗漏	0~2	
		电气组装工艺	是否存在短路	0~2	
			是否存在开路	0~2	
			是否存在插接错误	0~2	
			是否存在插接遗漏	0~2	
			是否存在线路整理缺陷	0~2	
3	调试（20分）	调试完成度	是否能正常起飞（以是否能悬停10 s以上作为依据）	0~5	
		稳定性	飞行是否稳定，未出现明显抖动	0~9	
		舵量	舵量是否合适	0~3	
		飞行模式	是否能切换多种飞行模式	0~3	
4	测试（25分）	起飞质量	是否满足起飞质量大于10 kg	0~5	
		航时	是否满足航时大于30 min	0~5	
		安全冗余	是否满足单发或双发动力失效时，仍能进行控制和迫降	0~5	
		工业三防	是否能实现工业三防（防火、防雨、防尘）	0~5	
		复杂环境工作	是否能在雨雪天、高寒地区、高温火场、电磁干扰等复杂环境下正常工作	0~5	
5	9S管理（5分）	—	是否存在卫生打扫、回收、整理等方面的问题	0~5	
合计				0~100	

任务考核

某公司因业务需求，需要装调一批工业级六旋翼无人机，应用于物流搬运的日常训练和日常工作，要求如下：

① 动力系统类型为电动动力系统；

② 最大空机质量为5 kg，最大起飞全重为10 kg；

③ 空载悬停航时20～30 min；

④ 搭载机械爪任务载荷，能满足手动抓取和自动抓取货物；

⑤ 具有一定的安全冗余和故障保护，能实现断桨保护、自动返航等安全设置；

⑥ 定位精度：水平±0.05 m，垂直±0.05 m；

⑦ 飞行稳定，可实现避障等简单智能控制功能的扩展；

⑧ 该设备的零部件清单如表1-4-11所示。

表1-4-11　工业级六旋翼无人机零部件清单

系统	硬件	型号	数量	单位
机体	机架	康鹤KH-002，680 mm碳纤维	1	套
	电池安装板	康鹤KH-机械自锁电池板	1	套
动力系统	电机	3515 KV 400	6	套
	螺旋桨	1305 mm，折叠桨，碳纤桨	3	对
	电池	10000 mAh 6 S 1P	1	块
	电调	50 A，瞬时电流70 A	6	个
飞行控制系统	飞控	S1_2020	1	套
通信系统	遥控器	GRT18（16通道）	1	套
	接收机	GR R8	1	个
	RTK	高精度RTK	1	套
任务载荷系统	机械爪	中合金金属爪	2	个
	舵机	TD-8120MG	2	个
视觉系统	双目相机+NANO	INTEL D435I双目相机+英伟达 JETSON NANO	1	套

请根据以上要求，完成工业级六旋翼无人机的组装、调试和测试。

任务实施关键信息二维码如图1-4-50所示。

图1-4-50　任务实施关键
信息二维码

 无人直升机的组装与调试

学习目标

① 能根据产品性能要求、功能要求和应用需求，查阅相关资料，完成无人直升机的配置选型。

② 能根据装配图、手册等资料，遵循机械装配工艺和电气安装工艺要求，使用装调工具完成无人直升机的装配。

③ 能使用相关调试软件和工具，完成无人直升机的调试。

④ 能使用相关测试软件和工具，完成无人直升机的测试和测试报告的填写与编制。

任务描述

某公司计划选型装配一款农业植保用的无人直升机，具体要求如下：

（1）在该无人直升机飞行平台上挂载药箱和喷洒装置，实现农业植保（喷洒药剂）作业。

（2）动力系统为电池动力系统。

（3）药箱最大容量为16 L。

（4）航时35 min以上；

（5）具备较高的稳定性、安全性、抗风性（能达到4级，5.5~7.9 m/s），具有低电量保护和失控保护功能。

请根据以上要求，完成无人直升机的配置选型、组装、调试和测试。

学习储备

一、无人直升机简介

无人直升机是指由无线电地面遥控飞行或自主控制飞行的可垂直起降不载人飞行器，在构造形式上属于旋翼飞行器，在功能上属于垂直起降飞行器。

其特点是可垂直起降、可悬停、操作灵活、可朝任意方向飞行，但相较于其他类型的无人机，其结构较复杂、故障率较高，与固定翼无人机相比，其飞行速度低、油耗高、载荷小、航程短、航时短。

二、植保无人直升机的概念和特点

（一）植保无人直升机的概念

植保无人直升机是用于农林植物保护作业的无人驾驶飞机，由飞行平台和喷洒机构组成，可用于喷洒药剂、种子、粉剂等植保作业。图1-5-1所示为一种喷洒药剂的植保无人直升机。

图1-5-1 植保无人直升机

（二）植保无人直升机的特点

植保无人直升机有电动和油动两种动力系统，这两种动力系统的优缺点对比如表1-5-1所示。

表1-5-1　电动和油动动力系统的优缺点

优缺点	电动植保无人直升机	油动植保无人直升机
优点	1. 环保，无废气，不造成农田污染； 2. 易于操作和维护，一般7天就可掌握操控技能； 3. 售价相对较低，一般为10万～18万元，普及化程度高； 4. 电机寿命可达上万小时	1. 载荷大，常见载荷范围为15～120 L； 2. 航时长，单架次作业范围大； 3. 燃料易于获得，采用汽油混合物作燃料
缺点	1. 载荷小，常见载荷范围为5～16 L； 2. 航时短，单架次作业时间一般为4～10 min，作业面积为10～20亩/架次（1亩≈666.7 m²）； 3. 采用锂聚合物电池作为动力电源，外场作业需要配置发电机，及时为电池充电	1. 由于燃料是汽油和机油混合，不完全燃烧的废油会喷洒到农作物上，造成农作物污染； 2. 售价相对较高，大功率植保无人直升机售价一般为30万～200万元； 3. 整体维护较难，因采用汽油机，其故障率高于电机； 4. 发动机磨损大，寿命为300～500 h

植保无人直升机通常采用无人直升机和多旋翼无人机两种机型。这两种机型的优缺点对比如表1-5-2所示。

表1-5-2　无人直升机和多旋翼无人机的优缺点

优缺点	无人直升机	多旋翼无人机
优点	1. 风场稳定，雾化效果好，向下风场大，穿透力强，农药可以打到农作物的根茎部位； 2. 抗风性更强	1. 入门门槛低，更容易操作； 2. 造价相对便宜
缺点	1. 一旦发生坠机事故，无人直升机造成的损失可能更大； 2. 价格更高	1. 抗风性更弱； 2. 下旋风场更弱； 3. 造成风场散乱，风场覆盖范围小，若加大喷洒面积，把喷杆加长，会导致飞行不稳定，作业难度加大，增大摔机风险

三、无人直升机的相关概念

在无人直升机组装与调试之前需对无人直升机的专业知识有所了解，本部分内容对无人直升机的相关概念进行介绍，主要包括螺距、螺旋总距、正负螺距、循环螺距、周期变距、油门曲线和螺距曲线等。

1. 螺距

螺距是指直升机螺旋桨在自己本身根轴上的偏转角度。在转速固定的情况下，通过调整螺距可以更有效地控制螺旋桨的升力或推进力，甚至得到反推力或者反升力。

2. 螺旋总距

直升机的螺距是变化的，通常在上升运动时是正螺距，在下降运动时是负螺距，飞控或陀螺仪的调试软件在设置时，需要设置最大和最小的螺距，螺旋总距与油门行程一致，升力螺距的最大行程就是直升机的螺旋总距，如图1-5-2所示。

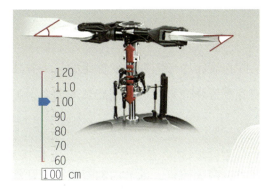

图1-5-2　螺旋总距

3. 正负螺距

正螺距是指旋翼片的螺距角为0°以上的角度，通常为直升机上升运动的螺距；负螺距是指旋翼片的螺距角为0°以下的角度，通常为直升机下降运动的螺距，如图1-5-3所示。

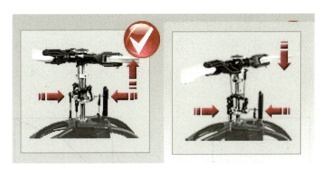

图1-5-3　正负螺距

4. 循环螺距

循环螺距是指横滚和俯仰运动时的螺距行程，该行程越大，直升机的姿态角度越大，循环螺距就是周期变距的螺距，如图1-5-4所示。

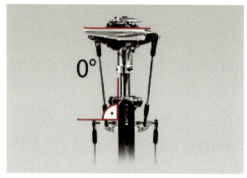

图1-5-4 循环螺距

5. 周期变距

通过十字盘，使桨叶在旋转中按周期改变螺距的一种方式称为周期变距。周期变距引起桨叶挥舞，使旋翼锥体倾斜，以控制旋翼气动合力的方向，实现直升机的稳定和对直升机的操纵。

6. 油门曲线和螺距曲线

无人直升机改变升力有两大因素，即油门和螺距，通常油门通道和螺距通道同为一个通道控制。油门曲线（throttle curves）的作用是把油门的直线变化变为曲线变化，以此提供非线性变化的转速。我们以最简单的3点曲线来说明，把发射机油门摇杆从下底端、中段、上顶端分为3个点，分别是0%、50%、100%，可对这3个点的油门量单独进行设定。油门曲线如图1-5-5（a）所示。

螺距曲线（pitch curves）的作用是把桨距的直线变化变为曲线变化，以此提供非线性变化的螺距。我们以最简单的3点曲线来说明，把发射机油门摇杆（螺距的变化是依附于油门摇杆的）从下底端、中段、上顶端分为3个点，分别是0%、50%、100%，可对这3个点单独进行设定，例如设置成0%：-4°、50%：0°、100%：+10°。螺距曲线如图1-5-5（b）所示。

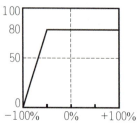

（a）油门曲线

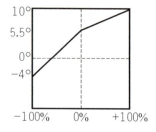

（b）螺距曲线

图1-5-5 油门曲线与螺距曲线

四、无人直升机的配置选型

无人直升机机体结构如表1-5-3所示。

表1-5-3 无人直升机机体结构

项目		子项	特点
大类	小类		
布局结构	旋翼布局	单旋翼带尾桨	概念：由一副旋翼产生升力，用尾桨来平衡反作用力矩； 优点：这种直升机构造简单，应用最为广泛，技术发展比较成熟； 缺点：受旋翼旋转气流的影响，流场不稳定，且容易发生裸露在外的桨叶伤人或撞击地面障碍物的事故，尾桨要消耗7%～10%的功率
		共轴式双旋翼	概念：由两副旋翼沿机体同一立轴上下排列且旋转方向相反，使两副旋翼反作用力矩相互抵消； 优点：共轴式直升机结构紧凑，外廓尺寸小； 缺点：升力系统较重，操纵机构较复杂，多用于中、小直升机
		纵列式双旋翼	概念：由两副旋翼沿机体纵轴方向前后排列，旋转方向相反，使两副旋翼的反作用力矩相互抵消； 优点：机身较长，使用重心变化范围较大； 缺点：其传动系统和操纵系统复杂，向前飞行时后旋翼气动效率较低
		横列式双旋翼	概念：两副旋翼沿机体横轴方向左右排列，转向相反； 优点：不需要尾桨，可获得比单旋翼式大的有效载重量，斜爬升率好； 缺点：机身和机翼的阻力损失较大，垂直飞行性能变差，且机翼的刚度和质量随着旋翼距机身的距离增加而显著增大，甚至使得直升机的质量效率低于单旋翼式
		交叉式双旋翼	概念：两个旋翼左右横向排列，旋翼轴间距较小，并且不平行，旋转方向相反； 优点：稳定性比较好，适宜执行起重、吊挂作业； 缺点：交叉双旋翼横向布置，气动阻力较大，但由于它的两旋翼轴间距较小，因此其气动阻力比横列式双旋翼直升机小一些
		复合推进	概念：在传统直升机具备的主旋翼的基础上，加装了另外的推进装置； 优点：有效提高飞行速度和增加续航里程； 缺点：机械结构复杂，故障率高，两种飞行模式切换可靠性较差

（续表）

项目		子项	特点
大类	小类		
动力系统	主旋翼	桨叶数量	概念：指主旋翼桨叶的数量； 特点：桨叶数量越多，机体的承载力越大，但是机械结构复杂、控制难度大
		桨叶翼形	概念：指桨叶的形状； 特点：桨叶的形状影响气动特性、噪声和桨叶的受力情况
		桨叶材料	特点：主要影响桨叶的使用寿命
		有无副翼	概念：指主旋翼上有没有平衡小翼； 特点：无副翼直升机操纵灵活、机动性好、机械结构相对简单；有副翼直升机操纵比无副翼的慢半拍，舵机承受的载荷更小，机械结构相对复杂
		是否可折叠	概念：指主旋翼能否折叠； 特点：小型直升机基本都可折叠，方便拆装桨叶、充当摆振铰、节省空间，便于携带运输和转场作业
传动系统	自动倾斜器（十字盘）	CCPM[①]式	概念：十字盘的动作由多个舵机同时联动完成； 特点：性能好，舵机承受的载荷较小
		普通式	概念：十字盘的动作由各自舵机单独完成； 特点：结构较复杂，单个舵机承受的载荷较大
	舵机	信号类型	概念：模拟舵机是指舵机电子电路没有MCU（微控制器），接收的信号为模拟电压信号；数字舵机是指舵机电子电路有MCU，直接接收PWM驱动信号； 特点：数字舵机反应速度更快、无反应区范围小、定位精度高、抗干扰能力强
		扭力和转速	概念：舵机转动的扭力和舵机转动的速度； 特点：由齿轮组和电机决定
	尾部传动	轴传动	概念：主电机的旋转动力传递到尾旋翼的传动方式为轴传动，轴两端采用伞形齿轮传动； 特点：不适合长距离传动、刚性连接、抗冲击性差
		皮带传动	概念：主电机的旋转动力传递到尾旋翼的传动方式为同步带传动； 特点：适合长距离传动、柔性连接、减振、低噪声、低磨损、结构简单

---

① CCPM: collective-cyclic pitch mixing，差分螺距混合控制结构。

（续表）

项目		子项	特点
大类	小类		
飞行控制与导航系统	—	飞控	概念：通常与惯性测量单元、气压计、磁罗盘等元器件共同组成飞行控制系统，在起飞、巡航、降落等阶段辅助或全自主对飞行器的其他系统及元器件起到协同控制作用的元件； 特点：能进行三轴姿态稳定控制，具备多种飞行模式，配合导航定位系统和地面站能实现精准定位、航线规划和自主飞行
		陀螺仪	概念：主要由陀螺仪组成，通过测量角速度变化，来控制舵机动作，达到增稳的目的； 特点：单轴陀螺仪只能进行锁尾控制，三轴陀螺仪能进行三个轴的稳定控制，但姿态增稳效果不如飞控
		平衡仪	概念：对地面进行图像识别以控制直升机水平方向的平衡； 特点：对直升机飞行高度和地面图像规则有一定的要求
载荷系统	喷洒装置	药箱容量	概念：植保无人机药箱容量； 特点：容量越大则载荷越大，相应的动力系统配置需增强
		水泵类型	概念：水泵是输送液体或使液体增压的机械设备，将电能转换为机械能； 特点：主要根据额定电压、额定功率、最大压力、最大流量和自吸/潜水进行选型
		喷杆折叠性能	概念：喷杆是否可折叠； 特点：可折叠喷杆节省空间，便于携带运输和转场作业
		喷头数量	概念：喷杆上喷头的数量； 特点：喷头数量的多少决定喷幅大小，喷头越多则作业面积越大、喷洒越均匀，具体需根据水泵的压力、流量来匹配

（一）机体结构

无人直升机可分为单旋翼带尾桨无人直升机、共轴式双旋翼无人直升机、纵列式双旋翼无人直升机、横列式双旋翼无人直升机、交叉式双旋翼无人直升机和复合推进无人直升机等不同类型。

旋翼在空气中旋转，对周围空气产生一个作用力矩，根据牛顿第三定律，空气必定以大小相等、方向相反的力矩作用于旋翼，然后传到机体上。此时如果不采取平衡措施，这个反作用力矩会使机体向旋翼旋转的相反方向转动。为了平衡这个反作用力矩，需采用不同的直升机布局形式。常见的旋翼布局类型如图1-5-6所示。

（a）单旋翼带尾桨

（b）共轴式双旋翼

（c）纵列式双旋翼

（d）横列式双旋翼

（e）交叉式双旋翼

（f）复合推进直升机

图1-5-6　常见的旋翼布局类型

（二）零部件子系统

1. 动力系统选型

（1）桨叶数量。

通常体形越大、起飞质量越大的直升机旋翼数越多，如当今服役的直升机中最重、最大的俄罗斯米-26重型直升机，它的桨叶数量为8片，桨叶直径达到32 m，最大起飞质量则达到56 t。一般来说，桨叶数量越多，旋翼在旋转时表面受到的阻力越大，因此就需要更强大的发动机来维持一定的转速，提供足够的升力。同时，桨叶数量越多，每一片桨叶上所承受的载重量就越小，就越便于通过不同的桨叶角度，来调整直升机的细节姿态，从而让直升机拥有更强的机动性和控制力。但是桨叶也不能无限增多，因为桨叶需要控制，直升机的升降、俯仰和偏航都需要通过精确操纵桨盘、桨叶来实现，桨叶过多则会导致控制不住直升机，而且具有不同桨叶数量的旋翼，其铰接方式的复杂程度也不一样。

（2）桨叶翼形。

直升机翼形主要指桨尖的形状，采用较好的翼形可以改善桨叶的气动特性、降低噪声水平和提高飞行性能。目前，桨尖的形状已从第一代的矩形，第二代的尖削、后掠的简单变化以及第三代的曲线形桨尖变化，发展至目前第四代桨尖的三维变化。

（3）桨叶材料。

到目前为止，桨叶材料的发展大体经历了4个阶段：20世纪40年代中期至50年代中期出现的第一代直升机上采用的是金属木材混合结构桨叶，这种简陋桨叶的平均寿命只有600 h左右；20世纪50年代中期至60年代中期出现的第二代直升机上采用的是金属桨叶，这种桨叶的平均寿命相较于第一代直升机增加1倍，达到1200 h左右；20世纪60年代中期至70年代中期的第三代直升机上采用的是玻璃钢桨叶，其寿命是金属桨叶的3倍，达到3600 h左右；20世纪70年代中期至今的第四代直升机上采用的是新型复合材料桨叶，其寿命几乎是无限的。

植保无人直升机的桨叶材料根据其旋翼尺寸、承载力和工作环境（耐腐蚀）来进行选择。植保无人机桨叶通常选择碳纤维桨叶，因为碳纤维桨叶具有强度高、模量高、比重轻、耐高温、耐腐蚀、耐酸碱、耐氧化、抗蠕变、抗紫外线和热膨胀系数小等特点，可在高温、恶劣环境下作业，经久耐用。碳纤维桨叶如图1-5-7所示。

图1-5-7　碳纤维桨叶

（4）有无副翼。

直升机的主旋翼根据有没有副翼可分为有副翼直升机和无副翼直升机，有副翼

直升机如图1-5-8（a）所示，无副翼直升机如图1-5-8（b）所示。直升机的副翼在操作上和固定翼一致，当打左副翼时机体左倾，当打右副翼时机体右倾。

（a）有副翼直升机 （b）无副翼直升机

图1-5-8 有无副翼直升机

直升机桨叶采用的是金属或者复合材料，但是其又长又细，相当于柔性体，也就是说有人飞机的旋翼不能被看作刚体，再加上桨毂上装有挥舞铰链结构，因此，可通过旋翼的挥舞变形实现机体的平衡。而早期的小型无人直升机由于尺寸较小，旋翼在这种尺寸上可被视为刚体，因此就无法通过挥舞变形实现自我稳定了，所以无人直升机引入了副翼，其学名是"贝尔-希勒伺服小翼"，它通过连杆机构实现贝尔系统和希勒系统的复合作用，维持了直升机的稳定性和操纵性。

有副翼直升机与无副翼直升机相比，有副翼直升机不通过电子设备的控制就可以实现自我稳定和操纵，但是由于副翼的介入，操纵要比无副翼直升机慢半拍，舵机承受的载荷更小，因为舵机带动的是副翼，并没有直接带动主旋翼。其中，在没有舵量操纵的时候，十字盘保持水平状态，维持了直升机的平衡，当十字盘倾斜的时候，十字盘带动副翼的旋转平面倾斜，进而带动主旋翼角度变化，实现操纵。无副翼直升机是由于电子稳定系统（飞控、陀螺仪）的产生，电子稳定系统通过算法极大程度地解决了直升机机体不稳定的问题而出现的，并且其随着舵机的发展越来越高速、高响应和大扭矩，所以逐渐替代了有副翼直升机。

2. 传动系统选型

（1）自动倾斜器。

自动倾斜器又称十字盘，通过控制主旋翼的桨盘平面朝任意方向倾斜，来改变直升机的姿态和升力。常见的十字盘的类型有H1、H4、HR3、H140、HE3和H3等类型，如图1-5-9所示。

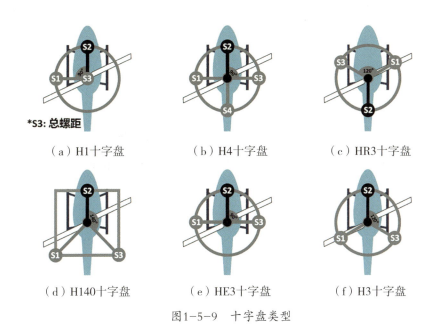

|（a）H1十字盘|（b）H4十字盘|（c）HR3十字盘|
|（d）H140十字盘|（e）HE3十字盘|（f）H3十字盘|

图1-5-9　十字盘类型

比较常见的十字盘类型是HR3和H3，该类型十字盘三个舵机的安装角度互成120°，两者的区别在于其舵机布局方向，HR3十字盘是由前面两个舵机和后面一个舵机组成的，而H3十字盘则是由前面一个舵机和后面两个舵机组成的。在飞行时，三个舵机同时联动控制螺距、横滚和俯仰动作，HR3和H3属于CCPM模式十字盘。

普通模式十字盘控制方式下，横滚的动作只由副翼舵机完成，升降的动作、桨距的变化也只由各自舵机完成。普通模式十字盘对单一舵机的力矩要求比较高，因为所有的动作只有单独1个舵机出力。

CCPM模式十字盘控制方式下，每个动作都由多个舵机同时联动工作完成。如图1-5-9（c）所示HR3十字盘中，主旋翼的螺距变化动作由S1、S2和S3三个舵机同时等比例推拉十字盘上下运动共同完成，俯仰动作由S2一个舵机与S1、S3两个舵机同时推拉十字盘共同完成，横滚动作由S1一个舵机与S3一个舵机同时推拉完成。其中，螺距变化是所有舵面控制中负载最大的。CCPM模式十字盘的螺距变化由三个舵机共同完成，在使用同等舵机型号的情况下，其产生的力矩是普通十字盘的3倍，同理，俯仰动作产生的力矩也是普通十字盘的3倍，横滚动作产生的力矩是普通十字盘的2倍，这直接减少了舵机的负担，提升了控制精准度，并且舵机直接驱动十字盘，简化了机械结构。需要注意的是，CCPM模式对所有舵机性能的一致性要求较高，舵机动作的行程与速度应尽可能一致，否则会造成动作变形。比如，螺距变化时三个舵机同上同下，

如果行程或速度不一致，就会造成十字盘不平，出现倾斜，有可能导致飞行动作变形，造成事故。

植保无人直升机的载重量是一个重要指标，在同等配置下应尽可能实现更大的载重量，载重量越大就意味着控制十字盘的舵机需承受更大的载荷，而且工业级的无人直升机通常采用性能较好的飞控，在支持多种十字盘控制模式的情况下也应优先选择性能更

图1-5-10　HR3十字盘

好的CCPM模式十字盘，所以植保无人直升机常用的是CCPM模式的HR3十字盘，如图1-5-10所示。

（2）舵机。

舵机主要由外壳、电路板、驱动马达与位置检测元件构成。其工作原理是由接收机发出讯号给舵机，经由电路板上的芯片驱动无核心马达开始转动，通过减速齿轮将动力传至摆臂，同时由位置检测器送回讯号，判断是否已经到达定位。位置检测器就是可变电阻，当舵机转动时电阻值也会随之改变，由检测电阻值便可知转动的角度。舵机按有无控制芯片分为数字舵机和模拟舵机，按齿轮材料分为塑料齿轮舵机和金属齿轮舵机。数字舵机的反应速度比模拟舵机快，数字舵机的无反应区范围比模拟舵机小；金属齿轮舵机比塑料齿轮舵机可承受的扭矩大。塑料齿轮舵机如图1-5-11（a）所示，金属齿轮舵机如图1-5-11（b）所示。

（a）塑料齿轮舵机

（b）金属齿轮舵机

图1-5-11　舵机

舵机在直升机里面主要用来控制十字盘和尾桨的动作，其中十字盘采用3个同等型号的舵机，尾桨采用1个其他型号的舵机。用来控制十字盘和尾桨的舵机需要满足高精度、无虚位、防水性好、高速度、高响应、大扭矩和性能一致性等要求。

植保无人直升机舵机应选用金属齿轮大扭矩无刷数字舵机，其具备一定的防水性。高性能的舵机如Futaba BLS172SV舵机，其参数如表1-5-4所示。

表1-5-4　Futaba BLS172SV舵机参数

电压	速度	扭矩	尺寸	质量
7.4 V	0.11 sec/60°	37 kgf/cm	40.5 cm × 21.0 cm × 38.4 cm	74 g
6.6 V	0.12 sec/60°	34 kgf/cm		

（3）尾部传动。

直升机尾部传动常见的有轴传动和皮带传动两种形式。轴传动，是指尾部的桨叶旋转动力是由轴从主电机传递过来的动力方式，因主电机的旋转方向与尾桨的旋转方向成90°，所以两端分别用斜齿轮副来改变旋转的方向，如图1-5-12（a）所示。皮带传动，是指采用同步带从主电机传递动力的方式，如图1-5-12（b）所示。

（a）轴传动　　　　　　　　　　　　（b）皮带传动

图1-5-12　尾部传动方式

轴传动的特点是经久耐用，制造成本高，材质要求也高，加工难度较大，轴传动两端都装有伞形齿轮，其最大的优点是不会因被拉长而需要调整轮距，无油污染，基本上可以免维护，而且损耗小、驱动效率高，但其结构相对复杂，是刚性连接，当传动受阻时，造成的损坏程度大，维修成本高。

同步带传动是一种啮合传动，通过同步带内表面上等距分布的横向齿和带轮上相应齿槽的啮合来传动。与摩擦型带传动相比，同步带传动的带轮和同步带之间没有相对滑动，不丢步，能够保证严格的传动比，但同步带传动对中心距及其尺寸稳定性要求较高。虽然同步带的材料基体是聚氨酯或氯丁橡胶，有弹性，但其承受负载的强力层采用伸长率很小的钢丝、玻璃纤维材料压铸成型，在工作拉力及变应力作用下伸长率极小，同步带节距保持不变，使带齿与同步轮齿槽正确啮合，不丢步，实现无滑差的同步传动，获得准确的传动比，传动效率高达98%，且传动平稳，

具有缓冲和减振作用。

对于植保无人直升机来说，从电机到尾部传动距离较长，轴传动不太适合长距离传动，如采用轴传动，将会增加轴的质量，中间需要加支撑等措施，而且两端传动结构复杂，维修成本高；而同步带传动适合较长距离的传动，有一定的吸震性和过载性，结构简单，维修成本低，所以建议采用同步带传动方式的尾部传动。

3. 飞行控制系统选型

无人直升机飞控配合地面站和导航系统可以实现航线规划和全自主飞行作业。几款植保无人直升机飞控如图1-5-13所示。图1-5-13（a）为DJI WooKong-H，图1-5-13（b）为翔仪XYFC-200，图1-5-13（c）为睿杰RJ-FC-H。

（a）DJI WooKong-H   （b）翔仪XYFC-200   （c）睿杰RJ-FC-H

图1-5-13　植保无人直升机飞控

航模直升机使用的姿态稳定控制器除了飞控之外，还有陀螺仪和平衡仪，如图1-5-14（a）为K-BAR陀螺仪，图1-5-14（b）KDS平衡仪。

（a）K-BAR陀螺仪　　　　　　（b）KDS平衡仪

图1-5-14　姿态稳定控制器

陀螺仪是利用高速回转体的动量矩敏感壳体相对惯性空间绕正交于自转轴的一个或两个轴的角运动检测装置。早期的直升机只用陀螺仪进行偏航的自动修正，也就是常说的锁尾。随着技术的发展，有了三轴陀螺仪，就可以对横滚、俯仰和偏航三个方向同时进行修正，陀螺仪能提升操控稳定度，但做不到自稳悬停。

平衡仪通常主要由光电传感器组成，可在 3 ~ 5 m 高度对地面图像进行扫描对比，有效防止直升机的漂移，纠正姿态，让机体在一定位置悬停。但是平衡仪对飞行高度有要求，太高会导致传感器拍不清地面图像，影响控制效果，对地面图像的规则也有一定要求，如果地面图像的颜色和形状太接近，则无法进行对比，也会影响控制效果。

4. 其他零部件或子系统选型

其他零部件或子系统的选型，可参见前述"任务二　穿越机的组装与调试""任务三　消费级多旋翼无人机的组装与调试"。

五、无人直升机的组装

无人直升机一般的组装步骤为：机体组装、动力系统装配、飞控系统安装、电气系统安装以及机载设备安装。一般的组装步骤应遵循的原则，可参见前述"任务一　无人机组装与调试基础"。

六、无人直升机的调试

无人直升机的基础调试内容，可参见前述"任务三　消费级多旋翼无人机的组装与调试""任务四　工业级多旋翼无人机的组装与调试"，下面对无人直升机的重点调试内容进行介绍。

（一）遥控器的调试

无人直升机所配置的遥控器通常进行调试的内容有：机型设置、十字盘类型设置、控制通道分配、通道行程量设置、飞行模式设置、油门曲线设置和螺距曲线设置等。

（二）十字盘的调试

十字盘是无人直升机特有的零部件，十字盘的调试效果影响飞行的升力、姿态的稳定性以及操控的灵敏性等。其主要调试内容在机械方面有拉杆的行程、十字盘的水平调试等，在软件方面有十字盘类型、螺旋总距、循环螺距和感度调试等。

（三）尾旋翼的调试

无人直升机的尾旋翼控制整机的偏航运动，尾旋翼的调试效果影响直升机的偏航控制性能。其主要调试内容在机械方面有拉杆的行程量、舵机的中立位置调试

等，在软件参数方面有舵机方向、舵机行程量和感度调试等。

（四）飞控的调试

不同品牌的无人直升机飞控有不同的调试软件，其调试步骤有一定差异，但是基本的调试内容类似。飞控调试主要包括：IMU与GPS安装参数设置、有无副翼设置、十字盘设置、锁尾设置、发动机控制器设置、遥控器校准、切换开关设置、控制模式设置、总螺距与油门曲线设置、系统检测、自驾系统设置和失控保护设置。几款无人直升机飞控系统的型号、地面站和官网如表1-5-5所示。

表1-5-5　无人直升机飞控系统的型号、地面站和官网

飞控	地面站	官网
DJI Ace One	Ace Waypoint地面站	www.dji.com
翔仪XYFC-200	翔仪地面站	www.xy-uav.com.cn
睿杰RJ-FC-H	RJ-G-P地面站	www.ruijiesmart.com

七、无人直升机的测试

（一）零部件测试

组装前，对机体结构件、机体紧固件、电子电气零部件、其他零部件和子系统进行测试及检查，以确认零部件质量是否完好、功能是否完备、性能是否达标，之后再进行下一步装配。

1. 机体结构件检查

机体结构件主要由机身、脚架和尾管等组成，主要检查其外观是否完好，尾管是碳纤维材质，检查是否有暗伤或裂痕，如有则需要进行更换。

2. 机体紧固件检查

机体紧固件主要包括紧固螺栓、水管快速接头、喷杆折叠件等，主要对螺栓有无打滑情况、水管快速接头的密封性能、喷杆折叠件的灵活性和牢固性等进行检查与测试。

3. 电子电气零部件检查

电子电气零部件主要是指飞行系统的电气部分和任务载荷系统的电气部分，包括飞控系统、动力系统、通信系统、舵机、水泵电源、水泵和电源插头等。

飞控系统主要检测各个方面功能是否完备，如上电自检是否正常，磁罗盘、加

速计传感器是否正常等。

动力系统是指电池、电机、电调和桨叶，可参照前述"任务四 工业级多旋翼无人机的组装与调试"的检测内容。

通信系统主要指遥控器和接收机，可参照前述"任务四 工业级多旋翼无人机的组装与调试"的检测内容。

舵机包括十字盘的3个舵机和尾部的1个舵机，十字盘舵机主要测试舵机的虚位大小、旋转速度、扭矩、同步性和防水性能，尾舵机主要测试虚位大小、旋转速度、扭矩和防水性能等。

水泵电源、水泵和电源插头是指无人直升机任务载荷系统的电气部分。水泵电源主要测试其能否正常输出电压，及输出的电压是否符合水泵的额定电压。水泵主要测试其接通电源后能否正常工作。电源插头主要检查其完整度，有无损坏等。

4. 其他零部件和子系统测试

其他零部件和子系统测试，可参见前述"任务四 工业级多旋翼无人机的组装与调试"的检测内容。

（二）整机测试

参考前述"任务四 工业级多旋翼无人机的组装与调试"的检测内容。

一、任务准备

（一）零部件准备

根据任务要求和详细配置参数，结合"学习储备"中的选型原则和方法，完成零部件选型。填写无人直升机零部件选型清单，如表1-5-6所示。

表1-5-6　无人直升机零部件选型清单

系统	硬件	型号	数量	单位
机体	机架	HJ-B-15L	1	套
	脚架	450 H型	1	套
	尾管	ϕ40	1	根
	电池仓	GK	1	套

（续表）

系统	硬件	型号	数量	单位
动力系统	电池	12S 11000 mAh	1	块
	电调	200 A	1	个
	电机	HY-PRO 5050	1	个
	主旋翼	990 mm碳纤维大桨	2	片
	尾旋翼	120 mm碳纤维尾桨	4	片
飞行控制与导航系统	飞控套件	WooKong-H（简称WHK）	1	套
通信系统	遥控器	FUTABA T8FG	1	个
	接收机	R6208 SB	1	个
传动系统	十字盘	H-3	1	套
	十字盘舵机	Futaba BLS172SV	3	个
	尾舵机	Futaba BLS276SV	1	个
喷洒系统	药箱	16 L	1	个
	水泵	12 V 45 W 4 L/min	1	台
	喷杆	可折叠、展开1.8 m	1	根
	喷头	0.2 L/min	5	个

根据零部件选型清单，分门别类地整理、摆放好零部件。无人直升机零部件的整理、摆放如图1-5-15所示。

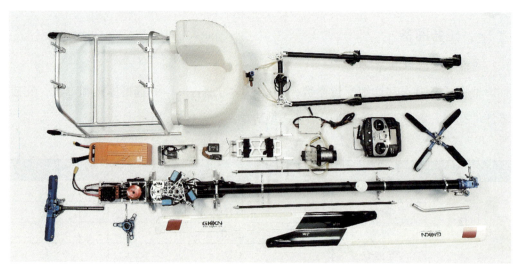

图1-5-15　无人直升机零部件的整理、摆放

（二）装调工具准备

根据零部件选型清单，选择合适的装调工具。填写无人直升机装调工具清单，如表1-5-7所示。

表1-5-7　无人直升机装调工具清单

工具名称	工具型号	数量	单位
螺距尺	电子螺距尺	1	个
十字盘调平器	—	1	个
内六角螺丝刀	2.0 mm/2.5 mm/3.0 mm/4.0 mm	1	套
电烙铁	907S 100 W	1	把
烙铁架	常规	1	套
活动扳手	5 in	1	把
水口钳	6 in	1	把
剥线钳	7 in	1	把
尖嘴钳	7 in	1	把
防静电镊子	尖头	1	把
调参数据线	Micro USB	1	根

（三）装调材料准备

根据零部件选型清单，选择合适的装调材料。填写无人直升机装调材料清单，如表1-5-8所示。

表1-5-8　无人直升机装调材料清单

材料名称	材料参数	数量	单位
焊锡	ϕ0.8 mm	1	卷
电源线	14 AWG	2	m
	10 AWG	1	m
插头	XT90	1	对
	T插头	2	对
电工胶布	常规	若干	—
双面胶	12 mm（宽）×5 m（长）×1.2 mm（厚）	1	卷
尼龙扎带	3 cm × 150 cm	若干	—
魔术扎带	反扣20 cm × 200 cm	若干	—
热缩管	10 mm	若干	—
	6 mm	若干	—
	4 mm	若干	—

（续表）

材料名称	材料参数	数量	单位
水管快速接头	四通 PZA-10	1	个
	三通变径PYG10-6	4	个
	二通PG10-6	1	个
水管快速接头	螺纹直角弯头PL10-02	1	个
	直通螺纹接头PC10-03	2	个
胶水	R43	1	支
黄油	常规	少量	—
润滑油	常规	少量	—

（四）装调软件准备

根据零部件选型清单，选择合适的装调软件。填写无人直升机装调软件清单，如表1-5-9所示。

表1-5-9　无人直升机装调软件清单

软件名称	软件版本	备注
Microsoft Windows操作系统	7或10	—
Wookong-H Assistant Software	V2.1	大疆官网下载

（五）技术图纸

1. 机体结构图

无人直升机机体结构图如图1-5-16所示。

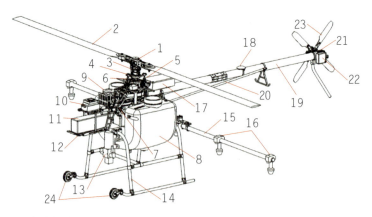

1—主旋翼头；2—主旋翼桨；3—连杆；4—控制盘；5—连杆；6—舵机；7—机身；8—药箱；9—电机；10—电调；11—电池；12—快速电池架；13—水泵；14—脚架；15—喷杆；16—喷头；17—飞控；18—GPS；19—尾管；20—尾撑；21—尾波箱；22—尾舵机；23—尾桨；24—轮子

图1-5-16　无人直升机机体结构图

2. 电气原理图

无人直升机电气原理图如图5-1-17所示。

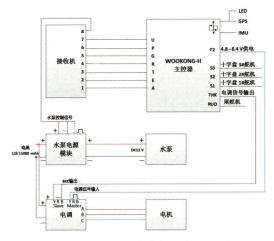

图1-5-17　无人直升机电气原理图

3. 组装连接图

无人直升机组装连接图如图5-1-18所示。

图1-5-18　无人直升机组装连接图

二、任务实施

（一）零部件测试

零部件测试，可参见前述"任务四　工业级多旋翼无人机的组装与调试"。

（二）组装

根据前述任务关于组装的相关知识，结合本机零部件、子系统、整机的实际情况，绘制此无人直升机的组装流程图，如图1-5-19所示。

无人机装调与操控

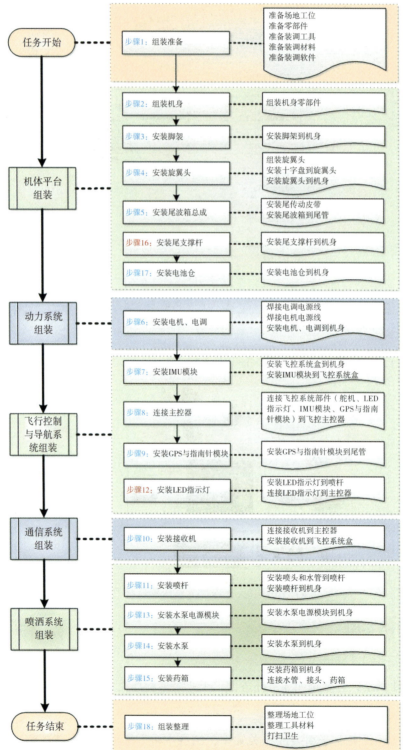

| 任务开始 | 步骤1：组装准备 | 准备场地工位
准备零部件
准备装调工具
准备装调材料
准备装调软件 |

机体平台组装	步骤2：组装机身	组装机身零部件
	步骤3：安装脚架	安装脚架到机身
	步骤4：安装旋翼头	组装旋翼头 安装十字盘到旋翼头 安装旋翼头到机身
	步骤5：安装尾波箱总成	安装尾传动皮带 安装尾波箱到尾管
	步骤16：安装尾支撑杆	安装尾支撑杆到机身
	步骤17：安装电池仓	安装电池仓到机身

| 动力系统组装 | 步骤6：安装电机、电调 | 焊接电调电源线
焊接电机电源线
安装电机、电调到机身 |

飞行控制与导航系统组装	步骤7：安装IMU模块	安装飞控系统盒到机身 安装IMU模块到飞控系统盒
	步骤8：连接主控器	连接飞控系统部件（舵机、LED指示灯、IMU模块、GPS与指南针模块）到飞控主控器
	步骤9：安装GPS与指南针模块	安装GPS与指南针模块到尾管
	步骤12：安装LED指示灯	安装LED指示灯到喷杆 连接LED指示灯到主控器

| 通信系统组装 | 步骤10：安装接收机 | 连接接收机到主控器
安装接收机到飞控系统盒 |

喷洒系统组装	步骤11：安装喷杆	安装喷头和水管到喷杆 安装喷杆到机身
	步骤13：安装水泵电源模块	安装水泵电源模块到机身
	步骤14：安装水泵	安装水泵到机身
	步骤15：安装药箱	安装药箱到机身 连接水管、接头、药箱

| 任务结束 | 步骤18：组装整理 | 整理场地工位
整理工具材料
打扫卫生 |

图1-5-19　无人直升机组装流程图

1. 步骤1：组装准备

按任务准备要求，准备好场地工位、零部件、装调工具、装调材料和装调软件。

2. 步骤2：组装机身

按要求将机身零部件进行装配，如图1-5-20所示。

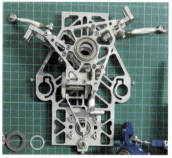

图1-5-20　组装机身

注意：

（1）轴承安装前应进行清洗、上油。

（2）注意轴承的安装位置、顺序、朝向。

（3）配合面在安装时可涂抹少量润滑油。

（4）所有零部件应轻拿轻放，必要时，用铜棒轻敲，禁止使用铁棒等硬物敲打。

（5）所拧螺钉应注意选择合适的型号，按对角安装的原则装入，先将螺钉进行预紧，待调好位置后再拧紧。

3. 步骤3：安装脚架

将脚架安装至机身，注意滚轮在机身前方，如图1-5-21所示。

图1-5-21　安装脚架

4. 步骤4：安装旋翼头

将旋翼头零件组装成部件，将十字盘安装到旋翼头，将旋翼头安装到机身。

注意旋翼头内部轴承安装顺序须正确，在保证旋翼头牢固的前提下，桨夹能灵活转动，如图1-5-22、图1-5-23所示。

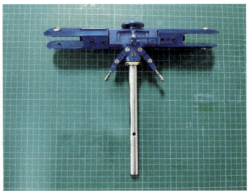

图1-5-22　组装旋翼头

图1-5-23　安装十字盘和旋翼头

5. 步骤5：安装尾波箱总成

将尾传动皮带装入尾轴同步带轮，安装尾波箱到尾管。注意尾波箱应与机身平行安装，如图1-5-24所示。

图1-5-24　安装尾波箱总成

6. 步骤6：安装电机、电调

将带XT90插头的电源输入线焊接到电调上并套上热缩管，裁剪电调和电机之间的电源线长度，将电机电源线焊接到电调上并套上热缩管，将电机、电调安装到机身。注意焊接时露出线头应全部被焊锡包裹，并焊接牢靠；电机的固定螺钉应选取合适的型号，在确保安装牢固的前提下，不能碰到电机线圈，如图1-5-25所示。

图1-5-25　安装电机、电调

7. 步骤7：安装IMU模块

将飞控系统盒安装到机身，将IMU模块平整地贴在飞控系统盒内靠近整机重心位置，注意须将正面朝上，安装平面与机身平行，有箭头的方向指向正前方，如图1-5-26所示。

图1-5-26　安装IMU模块

8. 步骤8：连接主控器

将飞控系统部件（舵机、LED指示灯、IMU模块、GPS与指南针模块）穿至飞控系统盒内部与主控器连接，注意须根据电气原理图和组装连接图进行接线，防止接错，如图1-5-27所示。

图1-5-27　连接主控器

9. 步骤9：安装GPS与指南针模块

将GPS与指南针模块安装到尾管，位于主旋翼头与尾桨之间。注意指南针为磁性敏感设备，因此须将其置于至少距尾旋翼10 cm处；GPS模块不应过于靠近主旋翼头，因为旋翼面会使GPS信号衰减；GPS上有标记的一面朝上，箭头指向正前方。如图1-5-28所示。

图1-5-28　安装GPS与指南针模块

10. 步骤10：安装接收机

按连接图顺序，将接收机与主控器相连接，将接收机与主控器安装到飞控系统盒。注意飞控系统盒内所有零部件不能超出安装盖面，将接收机的两根天线形成90°夹角穿出飞控系统盒，如图1-5-29所示。

图1-5-29　安装接收机

11. 步骤11：安装喷杆

将喷杆零部件组装起来，将喷头和水管安装到喷杆，将喷杆安装到机身。注意喷头应垂直朝下，水管长度应预留折叠部位长度，如图1-5-30、图1-5-31所示。

图1-5-30　喷头朝下，组装喷杆

图1-5-31　安装喷杆

12. 步骤12：安装LED指示灯

将LED指示灯安装到喷杆中间部位，将LED指示灯线与主控器相连接。注意LED指示灯朝后方，方便操控人员观察，如图1-5-32所示。

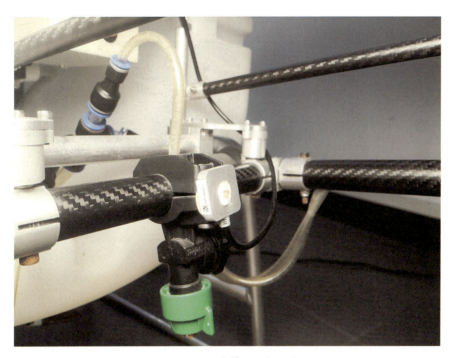

图1-5-32　安装LED指示灯

13. 步骤13：安装水泵电源模块

将水泵电源模块安装到机身下方，将电源模块的电源输入线并联到电调的电源输入线上，将电源模块的信号线连接到接收机第8通道上。注意电源模块的电源输入、输出方位，防止接错，如图1-5-33所示。

图1-5-33　安装水泵电源模块

14. 步骤14：安装水泵

裁剪水管到合适长度，将水管与水泵连接，焊接水泵电源线插头，将水泵安装到机身下方，将水泵电源线与电源模块电源线相连接。注意水管连接应密封牢固，防止漏液；水泵方向朝后。如图1-5-34所示。

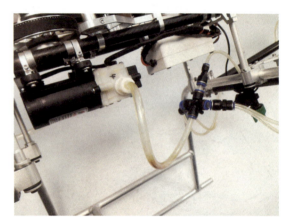

图1-5-34　安装水泵

15. 步骤15：安装药箱

将排水阀与水管接头安装到药箱底部，将药箱安装到机身下方，将水管、接头、药箱连接好。注意所有水管、接头应该牢固、密封，水管长度应合适，如图1-5-35所示。

图1-5-35　安装药箱

16. 步骤16：安装尾支撑杆

通过连接脚架与尾管，将尾支撑杆安装到机身，并且要安装牢固，如图1-5-36所示。

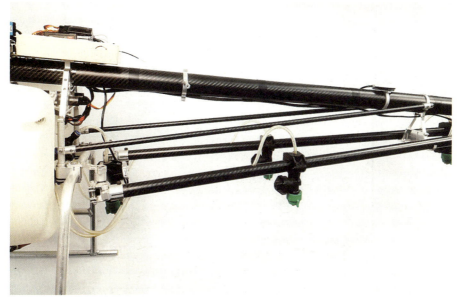

图1-5-36　安装尾支撑杆

17. 步骤17：安装电池仓

将电池仓安装在机身上，如图1-5-37所示。

 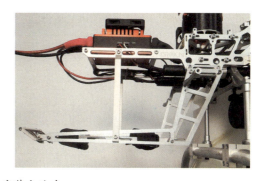

图1-5-37　安装电池仓

18. 步骤18：组装整理

按9S管理要求，整理场地工位，整理工具材料，打扫卫生。

（三）无桨调试

无人直升机的无桨调试内容主要为用调试软件和调试工具对飞行平台、飞控系统、动力系统和通信系统等进行基础设置、硬件调试和软件调试，调试流程如图1-5-38所示。

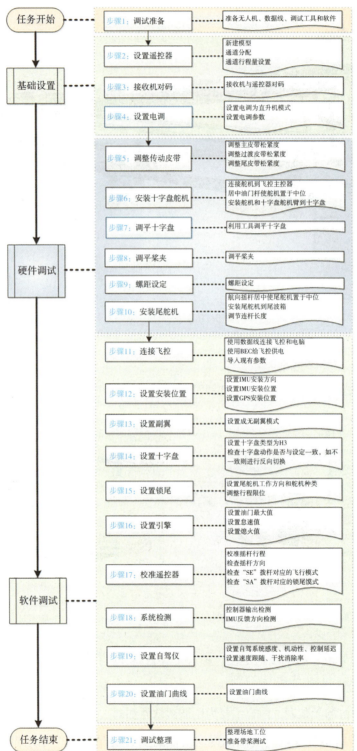

| 任务开始 | 步骤1：调试准备 | 准备无人机、数据线、调试工具和软件 |

基础设置	步骤2：设置遥控器	新建模型 通道分配 通道行程量设置
	步骤3：接收机对码	接收机与遥控器对码
	步骤4：设置电调	设置电调为直升机模式 设置电调参数

硬件调试	步骤5：调整传动皮带	调整主皮带松紧度 调整过渡皮带松紧度 调整尾皮带松紧度
	步骤6：安装十字盘舵机	连接舵机到飞控主控器 居中油门杆使舵机置于中位 安装舵机和十字盘舵机臂到十字盘
	步骤7：调平十字盘	利用工具调平十字盘
	步骤8：调平桨夹	调平桨夹
	步骤9：螺距设定	螺距设定
	步骤10：安装尾舵机	航向摇杆居中使尾舵机置于中位 安装尾舵机到尾波箱 调节连杆长度

软件调试	步骤11：连接飞控	使用数据线连接飞控和电脑 使用BEC给飞控供电 导入现有参数
	步骤12：设置安装位置	设置IMU安装方向 设置IMU安装位置 设置GPS安装位置
	步骤13：设置副翼	设置成无副翼模式
	步骤14：设置十字盘	设置十字盘类型为H3 检查十字盘动作是否与设定一致，如不一致则进行反向切换
	步骤15：设置锁尾	设置尾舵机工作方向和舵机种类 调整行程限位
	步骤16：设置引擎	设置油门最大值 设置怠速值 设置熄火值
	步骤17：校准遥控器	校准摇杆行程 检查摇杆方向 检查"SE"拨杆对应的飞行模式 检查"SA"拨杆对应的锁尾模式
	步骤18：系统检测	控制器输出检测 IMU反馈方向检测
	步骤19：设置自驾仪	设置自驾系统感度、机动性、控制延迟 设置速度跟随、干扰消除率
	步骤20：设置油门曲线	设置油门曲线

| 任务结束 | 步骤21：调试整理 | 整理场地工位
准备带桨测试 |

图1-5-38　无人直升机调试流程图

1. 步骤1：调试准备

准备已组装好的待调试的无人机、数据线，以及调试工具和软件。

2. 步骤2：设置遥控器

（1）新建模型。

打开遥控器→双击"LINKAGE MENU"（链接菜单）→单击"MODEL SEL"（模型选择）→单击"NEW"（新建模型）→"TYPE　HELICOPTER，SWASH　H-1，RESET　OFF"（类别：直升机，十字盘种类：H-1，重置：关闭），如图1-5-39所示。

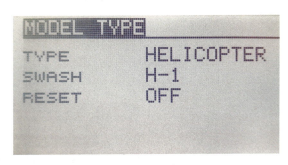

图1-5-39　新建模型

（2）通道分配。

双击"LINKAGE MENU"→单击"FUNCTION"（通道功能设置）→设置"1AIL（副翼）J1 T1，2ELE（俯仰）J3 T3，3THR（油门）J2 T2，4RUD（航向，即尾舵）J4 T4，6PIT（螺距）J2 --，7AUX7（需先把7GOV 改成AUXILIARY7，7 通为飞行模式开关）SE --，8AUX8（把8NDL 改成AUXILIARY8，8 通为水泵开关）SG --"→返回"LINKAGEMENU"，如图1-5-40所示。

FUNCTION	NORMAL	1/4
	CTRL	TRIM
1AIL	J1	T1 SEPAR
2ELE	J3	T3 SEPAR
3THR	J2	T2 SEPAR
4RUD	J4	T4 SEPAR

FUNCTION	NORMAL	2/4
	CTRL	TRIM
5GYRO	--	--
6PIT	J2	--
7AUX7	SE	--
8AUX8	SG	--

图1-5-40　通道分配

（3）通道行程量设置。

双击"LINKAGE MENU"→单击"END POINT"（行程量）→设置"7AUX7 135

81 81 135"，在进行飞控软件设置时，使拨动"SE"开关分别对应手动模式、姿态模式、GPS姿态模式→返回"LINKAGE MENU"，如图1-5-41所示。

END POINT			1/3
	++↻	↻++	
1 AIL	135 100	100 135	
2 ELE	135 100	100 135	
3 THR	135 100	100 135	
4 RUD	135 100	100 135	

END POINT			2/3
	++↻	↻++	
5 GYRO	135 100	100 135	
6 PIT	135 100	100 135	
7 AUX7	135 81	81 135	
8 AUX8	135 100	100 135	

图1-5-41　通道行程量设置

3. 步骤3：接收机对码

先打开遥控器，给"电子调速器ESC"上电，用工具轻触接收机上的"Link Mode"按钮，直到红灯闪烁变成绿灯后松手，拨动遥控器摇杆看各个舵机是否有反应，如果有，则说明对码成功，如图1-5-42所示。

图1-5-42　接收机对码

4. 步骤4：设置电调

（1）设置电调为直升机模式。

打开遥控器→遥控器"SF"打开（位于上位）→电调上电自检→按一次电调上"Press"口，听到"滴"一声→油门推至最高，听到"滴"一声→油门拉至最低→电调断电（完成数据清零），等待3 s→重新将电调上电自检→再按一次电调上"Press"口，听到"滴，滴滴，滴滴滴，滴滴滴滴"声→油门推至最高，再听到

图1-5-43　设置电调为直升机模式

"滴，滴滴，滴滴滴，滴滴滴滴"声→油门拉至最低→电调断电（直升机模式设置成功），如图1-5-43所示。

（2）设置电调参数。

将电调上电→用数据线连接电调"Master"接口和电脑USB接口→打开电调设置软件→将BEC voltage设为7400 mV（BEC 输出电压为7.4 V），将Type of governor（定速模式）设为Governor Store（存储定速模式），将Pole count（电机极数）设为14→点击"Store adjustments"（修改数据写入电调），如图1-5-44所示。

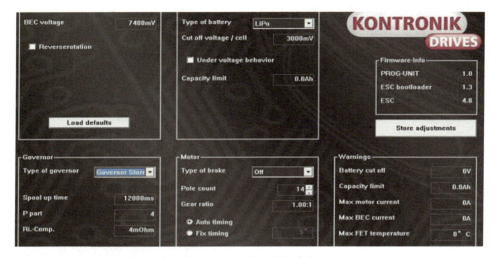

图1-5-44　设置电调参数

5. 步骤5：调整传动皮带

依次将主皮带、过渡皮带、尾皮带调整到合适的松紧程度，如图1-5-45所示。

图1-5-45　调整传动皮带

6. 步骤6：安装十字盘舵机

按照电气原理图，将舵机线连接到飞控主控器，打开遥控器→打开"SF"（开关位于上位）→电调上电→油门中位→十字盘舵机臂放置水平→插入舵机（上下错

位时选择错位量少的插入）→用螺钉固定舵机→用螺钉固定十字盘舵机臂，如图1-5-46所示。

图1-5-46　安装十字盘舵机

7. 步骤7：调平十字盘

1/3号连杆长度为77 mm，2号球头长度为29 mm→油门最高，放入十字盘调平工具→降低油门至十字盘接近工具，观察左右与工具的距离，调节连杆使高的降低或低的升高直到十字盘与工具的间隙一致→上紧十字盘1/3 号连杆，如图1-5-47所示。

图1-5-47　调平十字盘

8. 步骤8：调平桨夹

将桨夹连杆调到74 mm长度→油门中位稍低一点→螺距尺在"T"头上归零→螺距尺置于桨夹螺钉孔附近→调节桨夹连杆使螺距尺显示零→上紧桨夹连杆，另一侧同理，如图1-5-48所示。

9. 步骤9：螺距设定

打开遥控器→将油门拉至最低→双击"MOL"→单击"MODEL MENU"→单击"PIT CURVE"→调大螺距曲线1点（−100）数值，使螺距尺显示−3.0［为避免虚位影响，可调至−3.3，如图1-5-49（a）所示］→油门中位→调大螺距曲线3点（0），使螺距尺显示+5.1，如图1-5-49（b）所示→油门最高

图1-5-48　螺距尺归零

→减小螺距曲线5点（+100），使螺距尺显示+10，如图1-5-49（c）所示→将"T"头旋转180°，检测另一边在油门最低、中位和最高时的度数，使两边桨夹螺距尺大小相等→调节螺距曲线2点和4点，使螺距曲线平滑，如图1-5-49（d）所示。

（a）螺距曲线1点

（b）螺距曲线3点

（c）螺距曲线5点

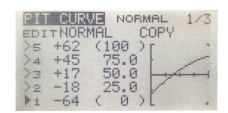

（d）螺距曲线平滑

图1-5-49　螺距设定

10. 步骤10：安装尾舵机

将"SA"置于上位即处于非锁尾模式→航向摇杆置中→调节尾舵机盘至合适位置后→安装尾舵机到尾波箱→固定尾舵机→固定十字盘舵机臂→调节尾舵机连杆，使尾桨螺距适中，如图1-5-50所示。

11. 步骤11：连接飞控

使用数据线连接飞控和电脑→使用BEC给飞控供电→打开飞控调参软

图1-5-50　安装尾舵机

件→导入现有参数，选中"中位"→取消"我已确认中位"，如图1-5-51所示。

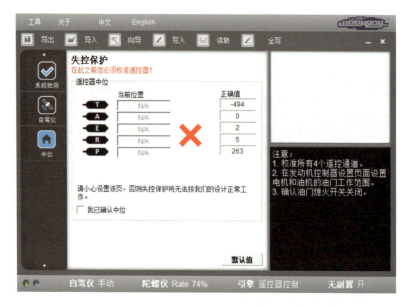

图1-5-51　连接飞控

12. 步骤12：设置安装位置

选中"安装"，设置IMU安装方向、安装位置，设置GPS的安装位置，检查各数据是否与设定参数一致，如图1-5-52所示。

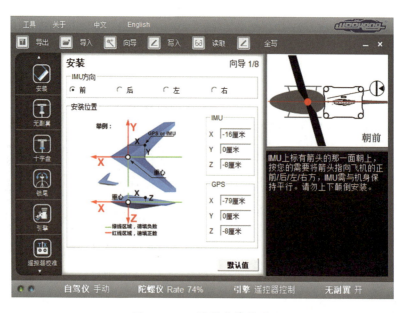

图1-5-52　设置安装位置

13. 步骤13：设置副翼

选中"无副翼"，设置成无副翼模式，检查各数据是否与设定参数一致，如图1-5-53所示。

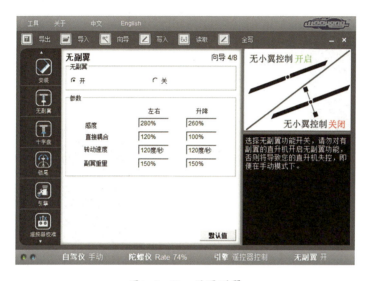

图1-5-53　设置副翼

14. 步骤14：设置十字盘

选中"十字盘"，设置十字盘类型为H3→检查各数据是否与设定参数一致→拨动摇杆，检测十字盘左右、俯仰和升降的运动是否与设定一致（若运动方向相反，可点击箭头进行反向后再检测），如图1-5-54所示。

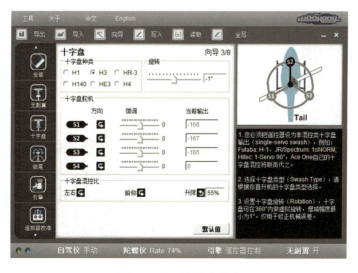

图1-5-54　设置十字盘

15. 步骤15：设置锁尾

选中"锁尾"→设置尾舵机工作方向和舵机种类→检查航向最左、最右是否满足要求，调整行程限位A和限位B，使尾舵机行程适中，如图1-5-55所示。

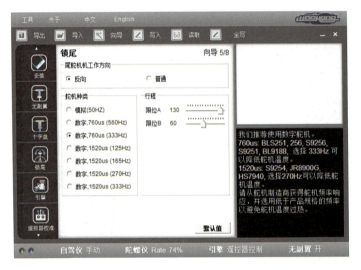

图1-5-55 设置锁尾

16. 步骤16：设置引擎

选中"引擎"→将油门推至最高→点击"设置最大"→油门拉至最低上一格→点击"设置怠速"→油门拉至最低→点击"设置熄火"→分别点击三个"测试"，直至三次测试都显示圆圈，如图1-5-56所示。

图1-5-56 设置引擎

17. 步骤17：校准遥控器

选中"遥控器校准"，注意摇杆是否需要反相；遥控器油门中位→点击"开始"→分别拨摇杆至四个角，检验A/E/R/P/T 调参软件显示是否与遥控器摇杆相同→相同则点击"完成"→拨动遥控器"SE"，检查飞行模式是否正确→拨动遥控器"SA"，检查锁尾模式是否设置正确，如图1-5-57所示。

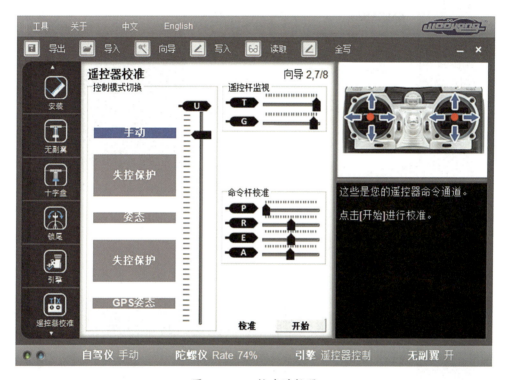

图1-5-57　校准遥控器

18. 步骤18：系统检测

选中"系统检测"→拨动遥控器"SE"，切换中位或上位→点击"控制器输出检测切换至非手动模式"，检测十字盘运动方向是否如软件示意图所示〔流程为：十字盘上下上→点击"NEXT"→十字盘前后前→点击"NEXT"→十字盘左右左→点击"NEXT"→尾推右左右→"SE"切换到下位（切回"手动"模式），该检测结束（运动方向相反则需对相应通道进行反相，再重新检测）〕→拨动遥控器"SE"切换中位或上位→点击"IMU反馈方向检测切换至非手动模式"→摆动机身前后、左右→摆动尾巴左右→"SE"切换到下位（切回"手动"模式），该检测结束，如图1-5-58所示。

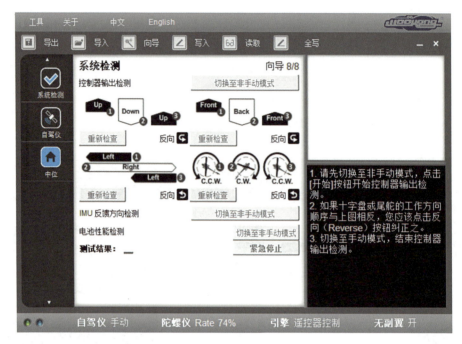

图1-5-58　系统检测

19. 步骤19：设置自驾仪

选中"自驾仪"并将其设置成如图1-5-59所示。

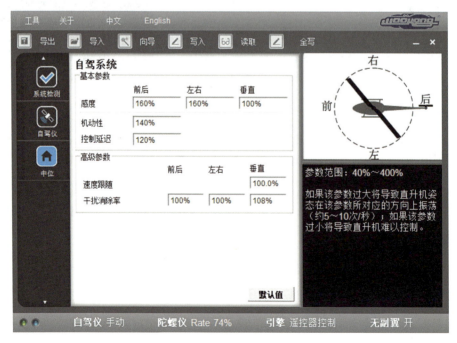

图1-5-59　设置自驾仪

20. 步骤20：设置油门曲线

油门曲线影响失控保护的中位，因此在遥控器端设置油门曲线后，需要对飞控调试软件中的中位进行设置。

（1）油门曲线：在遥控器菜单"MOL"→"THR CURVE"中，将油门曲线中2、3、4、5点的值（左侧数字）都设置成75.0，如图1-5-60（a）所示。

（2）失控保护中位：在飞控调试软件页面"中位"中，点选"我已确认中位"（在左侧方框内打"√"），然后点击"写入"，即将当前油门曲线的第3点的油门值（75.0）设置为失控保护时的油门保持位置，最后点击"全写"将前述所有设置的参数全部写入到飞控中，如图1-5-60（b）所示。

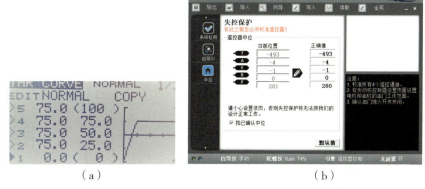

（a）　　　　　　　　　　　（b）

图1-5-60　油门曲线设置

21. 步骤21：调试整理

整理场地工位，为下一阶段的带桨调试做好准备。

（四）整机测试

整机测试主要为带桨测试。测试装调完成后无人直升机的飞行舵量、感度、飞行模式切换、航时、低电量保护、失控保护、载重量、稳定性、安全性、抗风性等。测试步骤如下：

（1）在专用的试飞场，做好周边人员和自身的安全防护措施，如布置好安全网、戴好安全帽等，安装上螺旋桨。

（2）先给遥控器上电，再给无人直升机上电，上电时需注意以下两点要求：

①系统通电5 s内请勿动直升机，勿动摇杆，等待系统初始化。

②在首次测试飞行时只能使用手动模式，请先完成此部分操作后再进行自驾系统的测试飞行，并确保系统各参数指标正常。

（3）进行指南针校准。

①进入校准模式：快速来回切换控制模式开关（位置-1与位置-3之间）10次，此时LED指示灯蓝灯常亮，如图1-5-61所示。

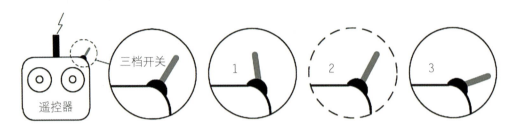

图1-5-61　进入校准模式

②水平校正：沿水平方向旋转无人直升机，直至绿灯常亮，然后进入下一步，如图1-5-62（a）所示。

③垂直校正：绿灯常亮后，机头朝下竖起无人直升机，沿垂直轴转动无人直升机，直至绿灯熄灭，即完成校准，如图1-5-62（b）所示。

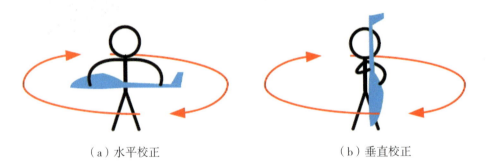

（a）水平校正　　　　　　　　　　（b）垂直校正

图1-5-62　校准动作

④校准完成后，LED指示灯会显示校准是否成功。白灯亮3 s，校准成功，校准模式将自动退出；红灯闪烁，校准失败。此时再切换1次控制模式，取消当前校准状态，再从第1步开始重新校准。

（4）飞行测试。

①检查所有连接和线路，确保连接状况良好。

②确保遥控器，WKH飞控以及所有部件供电量充足。

③打开遥控器。

④接通WKH飞控和除电调以外的所有设备的电源。

⑤检查LED指示灯，红灯快闪说明系统启动失败，请将无人直升机水平放置，重新接电。

⑥切换控制模式切换开关确保其工作正常，检查LED指示灯在模式切换时的指示。

⑦LED指示灯还会显示其他系统错误或警报。

⑧待一切准备就绪，将系统切换至手动模式，推动遥控器摇杆，检查无人直升机反应是否正常。

⑨启动引擎或接通电调。

⑩在手动模式下控制无人直升机起飞，进行全方位的飞行动作测试，检查其动作是否正常。

⑪分别切换到姿态模式、GPS模式进行飞行动作测试，检查其飞行的感量、稳定性是否合适。

⑫在GPS模式下控制无人直升机起飞，对无人直升机的航时、低电量保护、失控保护进行测试，检查动作是否正常。

⑬向药箱分次逐量加水，在GPS模式下控制无人直升机起飞，进行载重量测试，检查其最大载重容量能否达到16 L，并在最大载重量下对稳定性、安全性和抗风性进行测试，检查是否达标。

如有问题，拆卸桨叶，继续回到上一步无桨调试，重新配置参数。如此反复，直至测试完全达标。

如有需要，填写测试报告。

三、评价反馈

采用过程性评价和终结性评价相结合的方式。

过程性评价主要对小组成员在任务前、任务中、任务后的表现过程进行综合性评价，过程性评价采用自我评价、组内评价和教师综合评价相结合的方式，过程性评价表详见附录2。

终结性评价，主要对各小组的完成结果进行考核、测试和评价，终结性评价由老师组织各小组质检员组成质检小组，对各小组的完成结果进行评价打分。本任务的终结性评价如表1-5-10所示。

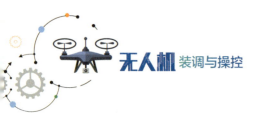

表1-5-10 项目一任务五终结性评价表

序号	评价大项	评价小项	评价明细	评分标准/分	得分/分
1	选型（20分）	清单是否完整、合理、性价比高	无人直升机零部件选型清单	0～12	
			无人直升机装调工具清单	0～3	
			无人直升机装调材料清单	0～3	
			无人直升机装调软件清单	0～2	
2	组装（30分）	组装完成度	是否在规定的时间内完成组装（以电机是能解锁作为依据）	0～14	
		机械装配工艺	连接是否稳固	0～2	
			安装位置是否正确	0～2	
			是否存在螺钉或其他零件安装遗漏	0～2	
		电气组装工艺	是否存在短路	0～2	
			是否存在开路	0～2	
			是否存在插接错误	0～2	
			是否存在插接遗漏	0～2	
			是否存在线路整理缺陷	0～2	
3	调试（25分）	调试完成度	是否能正常起飞（以是否能悬停10 s以上作为依据）	0～10	
		稳定性	是否飞行稳定，未出现明显抖动	0～9	
		舵量	舵量是否合适	0～3	
		飞行模式	是否能切换多种飞行模式	0～3	
4	测试（20分）	起飞质量	是否能满足起飞载重16 L药剂	0～10	
		航时	是否满足航时大于35 min	0～5	
		抗风性	是否能实现4级防风	0～5	
5	9S管理（5分）	—	是否存在卫生打扫、回收、摆放等方面的问题	0～5	
合计				0～100	

任务考核

某公司计划装调一批450无人直升机，应用于无人直升机的视距内日常飞行基本功训练。要求如下：

图1-5-63 450无人直升机整机

1️⃣ 动力系统为电动；

2️⃣ 起飞全重为2 kg；

3️⃣ 空载悬停续航时间10~20 min；

4️⃣ 该设备的整机如图1-5-63所示；

5️⃣ 该设备的零部件清单如表1-5-11所示。

表1-5-11 450无人直升机零部件清单

系统	硬件	型号	数量	单位
机体	机架	450 mm轴距	1	套
动力系统	电机	BL-2221-PRO-3800KV	1	套
	螺旋桨	D45F32C	1	对
	电池	3S 2200 mAh	1	块
	电调	40 A	1	个
飞行控制系统	陀螺仪	KBAR	1	套
通信导航系统	遥控器	WFT07	1	套
	接收机	WFR07	1	个

请根据以上要求，完成450无人直升机的组装、调试和测试。

任务实施关键信息二维码如图1-5-64所示。

图1-5-64 任务实施关键
信息二维码

任务六 固定翼无人机的组装与调试

学习目标

1. 能根据产品性能要求、功能要求和应用需求，查阅相关资料，完成垂直起降固定翼无人机的配置选型。

2. 能根据装配图、手册等资料，遵循机械装配工艺和电气安装工艺要求，使用装调工具完成垂直起降固定翼无人机的装配。

3. 能使用相关调试软件和工具，完成垂直起降固定翼无人机的调试。

4. 能使用相关测试软件和工具，完成垂直起降固定翼无人机的测试和测试报告的填写与编制。

任务描述

某公司因业务需求，需要选型装调一批垂直起降固定翼无人机，以满足民用无人机驾驶员考证的日常训练和考试，并扩展挂载不同的任务载荷，满足航测、巡线、物流等通用行业应用。

（1）根据《民用无人机驾驶员管理规定》（AC-61-FS-2018-20R2）、《民用无人机驾驶员合格审定规则》（T/AOPA 0008—2019）的要求，Ⅲ类无人机的质量需满足：4 kg＜空机质量≤15 kg，7 kg＜起飞全重≤25 kg；垂直起降固定翼无人机的旋翼数量、飞控和遥控器等没有明确要求。

（2）根据民用无人机驾驶员考证的日常训练和考试的实际需求，垂直起降固定翼无人机须满足：

①飞行模式：能在手动模式、自稳模式、留待模式、定高模式和自动模式间自由切换；

②教练/学员模式：能进行主控、副控自由切换；

③保护功能：能进行失控保护、低电压报警和电子围栏保护。

（3）根据航测、巡线、巡检等通用行业应用的实际需求，垂直起降固定翼无人机须满足：

①动力系统为电动；

②4 kg＜空机重量≤15 kg，7 kg＜起飞全重≤25 kg；

③航时约40 min；

④能扩展挂载不同的任务载荷，满足航测、巡线、物流等通用行业应用，作业高度约300 m；

⑤具备较高的稳定性、安全性和一定的智能性。

请根据以上要求，完成垂直起降固定翼无人机的配置选型、组装、调试和测试。

学习储备

一、固定翼无人机简介

固定翼无人机是指由动力装置产生前进的推力或拉力，由机身固定的机翼产生升力，在大气层内飞行的重于空气的无人机。图1-6-1所示为一种典型的固定翼无人机。

其特点有：载荷大、续航时间长、航程远、飞行速度快、飞行高度高，但起降受场地限制、无法悬停。

图1-6-1　固定翼无人机

垂直起降固定翼无人机，简称垂起固定翼无人机，是一种重于空气的无人机，垂直起降由与直升机、多旋翼类似的起降方式或直接推力等方式实现，水平飞行由固定翼飞行方式实现，且垂直起降与水平飞行两种方式可在空中自由转换。

垂直起降固定翼无人机通常具有以下特点：

（1）不受起降场地限制。垂直起降固定翼无人机减少或基本摆脱了传统固定翼无人机在起降场地方面所受的限制，只需要很小的平地就可以垂直起飞和着陆，拓

宽了无人机可作业应用的场景，例如在山区、丘陵区域、丛林区域的火险巡视，动植物资源查勘，可以在山区、丘陵、丛林等复杂地形和建筑物密集区域顺利作业。

（2）航时长，飞行速度快，飞行高度高。垂直起降固定翼无人机拥有固定翼无人机的优势，在空中作业时，飞行距离远、速度快、高度高，可广泛应用于航拍测绘、石油天然气管道巡线、电力巡线、城市应急监视、农业监控、军用警用巡逻、灾害和应急救援、专业搜索、边境和海岸线巡逻、商船监控、航道测量、海洋大气监控、矿业监测、空中交通监视、消防火情监测等众多领域。

二、垂直起降固定翼无人机的配置选型

（一）垂直起降固定翼无人机配置选型原则

垂直起降固定翼无人机目前较常见的有以下三种：

第一种为复合翼形式，以常规固定翼飞行器为基础，增加多轴动力单元，在起降及低速状态下按多轴模式飞行，通过多个螺旋桨产生的拉力克服重力和气动阻力进行飞行；而在高速状态下，按照固定翼模式飞行，通过气动升力克服重力，并通过螺旋桨拉力克服气动阻力实现飞行，如图1-6-2所示。

图1-6-2　复合翼无人机

复合翼方案无需额外部件，结构简单；不存在大幅度飞行姿态变化，导航解算容易。因此，复合翼垂直起降方案是目前可靠性较高、技术风险较低的长航时垂直起降无人机方案。

第二种为倾转旋翼形式，以常规固定翼飞行器为基础，增加多轴动力单元，垂直起飞后，通过将旋翼轴线倾转90°为固定翼提供动力来实现飞行状态的改变；倾转旋翼的最大优势，就是既具备垂直起降能力，又在航程和速度特性上，高度接近螺旋桨固定翼无人机，如图1-6-3所示。

倾转旋翼无人机的倾转过渡飞行阶段是最为核心的环节，在旋翼倾转过程中，不仅飞行器整体的受力状态会改变，而且飞行器的控制模式、执行机构均会随之改变，极易导致飞行器异常甚至坠机，因此，目前民用倾转旋翼无人机较少。

图1-6-3　倾转旋翼无人机

　　第三种为尾座形式，拥有一个具备起落架功能的尾翼，在起飞和降落时，无人机机头朝上，通过两个、四个或更多的旋翼提供动力实现垂直起降，如图1-6-4所示。此机型的旋翼轴无须相对机翼转动，无须转动相应控制部件，结构简单，操纵简便，易于实现。缺点是起降阶段抗风能力较弱，降落有一定困难。

图1-6-4　尾座式无人机

　　根据固定翼无人机的应用场合、机型特点，在满足使用条件的前提下，一般选择复合翼垂直起降固定翼无人机，相较于其他形式的垂直起降固定翼无人机，其具有技术可实现性好、成本较低等优点，具体选型可参考表1-6-1。

表1-6-1　复合翼垂直起降固定翼无人机的配置选型表

项目		内容	特点
大类	小类		
机体	旋翼数量	四旋翼	优点：采用四个向上的动力装置，续航能力较强，与六旋翼相比，同配置下价格低，机身质量较轻； 缺点：与六旋翼相比，稳定性和载重量较低
		六旋翼	优点：稳定性和载重量高； 缺点：造价较高，机身质量重，续航能力较弱

（续表）

项目		内容	特点
大类	小类		
机体	材质	泡沫	一般用于航模、小型或配置要求不高的固定翼无人机； 优点：成本低，质量轻，易维修； 缺点：比强度、比模量、延展性、抗腐蚀等达不到专业无人机的要求
		木材	优点：价格低，加工容易，粘接方便，比强度较高； 缺点：易变形，木纹和木节影响强度，材料浪费较多
		复合材料	优点：质量轻，较高的比强度、比模量，较好的延展性、抗腐蚀，隔热、减振，耐高（低）温、耐烧蚀； 缺点：制造成本较高
	尾翼布局	常规布局	优点：较高的结构稳定性与可靠度； 缺点：水平尾翼的舵面易受流经主翼气流的干扰
		V尾	V形尾翼兼有垂尾和平尾的功能； 优点：大仰角可控性很好，隐身性能得到提升； 缺点：装调及操控精准度要求较高
		倒V尾	优点：减轻整机的结构质量，气动外形上，倒V和正V在空中飞行时相同； 缺点：降落下滑角很大，仰角无法提高，降落不易减速和控制
	起落架	无	多数垂直起降、手抛、弹射起飞等固定翼无人机无需起落架； 优点：减轻无人机的质量； 缺点：降落的条件较高，如伞降回收、空中回收、阻拦网、气垫着陆等
		有	优点：允许着陆时撞地滑行，吸收能量； 缺点：增加了起飞质量，飞行时阻力增大
动力系统	动力输出	电动	优点：日常维护简单，易掌握；场地适应能力强，展开迅速，轻便灵活；高原性能优越，电动机输出功率不受含氧量影响；电池可充电重复使用，使用成本低，同时环保低碳； 缺点：抗风能力弱，续航能力弱，载重能力弱，航速慢
		油动	优点：较好的抗风能力，载重能力强、续航能力强、航速快； 缺点：操控难度大，结构复杂，维修和保养要求都相对较高，环境场地适应能力差，高原性能不足，价格高
	螺旋桨	木桨	优点：质量轻，易加工，成本低； 缺点：制作工艺烦琐，成品精度低，当电机达到高转速时会产生震动
		复合材料	优点：易于加工，成本低，模具加工精度高，质量轻； 缺点：强度低、易断桨，与木桨相比，价格稍高

（二）垂直起降固定翼无人机配置选型案例

1. 动力系统选型

垂直起降固定翼无人机的推进动力系统主要指无人机平飞时给无人机提供推力的动力系统，其选配流程建议如下：

（1）根据整机的满载起飞质量，按照设计或使用要求，确定推重比，估算翼载荷，计算平飞状态应提供的推力或拉力大小；

（2）根据推力或拉力选出合适的电机，根据电机及机身尺寸综合考虑选择螺旋桨；

（3）根据电机的最大额定电流选择电调，选择电调要注意电流数据，其标称电流应大于电机的最大额定电流；

（4）最后根据电流及整机质量要求，选择一块合适的动力电池。

垂直起降固定翼无人机的旋翼动力系统主要指无人机垂直起降时，给无人机提供上升拉力的动力系统，其选配流程参考如下：

（1）首先根据整机的满载起飞质量，按照多旋翼无人机动力系统的选型原则，计算单个旋翼应提供的升力；

（2）根据升力及机身结构尺寸进行多旋翼动力系统的螺旋桨、电机、电调的选型；

（3）最后根据电路的电流及整机质量要求，选择合适的旋翼动力系统的动力电池。

根据选配流程，以复合翼垂直起降固定翼无人机为例，其动力系统配置可参考表1-6-2。

表1-6-2　复合翼垂直起降固定翼无人机常见动力配置表

系统	硬件	型号	
		起飞全重12 kg	起飞全重7.5 kg
固定翼 前拉/推力	电机	XM5050EA KV515	4125 KV420
	螺旋桨	15 in	12 in
	电调	80 A	80 A
	电池	22000 mAh 6S	16000 mAh 6S
四旋翼 上升/下降动力	电机	MN5212 KV340	4114 KV340
	螺旋桨	15 in	12 in
	电调	60 A	60 A
	电池	16000 mAh 6S	8000 mAh 6S

2. 飞行控制系统选型

飞控相当于无人机的"大脑"，是保证无人机有效完成给定任务、自主控制飞行和自动起飞返航的基础。飞控的选择，应全面考虑飞行安全、使用要求等因素，例如支持传感器元件种类、控制端口数目、是否支持开源、电源管理能力以及硬件拓展能力等。目前市面上垂直起降固定翼无人机常用的飞控有成都纵横MP-101V、零度智控北极星系列、赫星Pixhawk2、翔仪XYFC-4XX系列、创衡S系列等，可以根据实际需要合理选择飞控。下面对几款典型飞控进行介绍。

成都纵横MP-101V飞控（图1-6-5），抗干扰能力强、可靠性高、处理能力强、功耗低、外设接口丰富；集成了高精度IMU模块、高精度磁传感器，采用高性能非线性GPS、SINS、AHRS算法，具有400 Hz更新频率，姿态精度高，GPS信号不好时自动平滑切换为AHRS（Attitude and Heading Reference System）模式，是一款工业级飞控与导航系统。

零度智控北极星系列飞控（图1-6-6），采用三冗余安全设计，三套算法独立运算，数据之间互为备份，发生故障时可顺利切换系统，优选高性能传感器，稳定可靠，优化算法，保障飞行安全。

图1-6-5　成都纵横MP-101V飞控　　　　图1-6-6　零度智控北极星系列飞控

赫星是国内最早开始在开源飞控领域深耕的公司，是世界领先的开源无人机飞控Pixhawk2（图1-6-7）全球唯一的生产制造企业，较多的垂直起降固定翼无人机集成厂家应用开源飞控Pixhawk2，可根据实际应用需求进行二次开发，经济性较好。

翔仪XYFC-4XX系列飞控（图1-6-8），是专为普通构型垂直起降固定翼无人机打造的高可靠

图1-6-7　赫星Pixhawk2飞控

性、高精度飞行控制与导航系统，遵循GJB150A与GJB151B可靠性标准，集成数传链路系统、惯性导航系统、卫星导航系统及多传感器组合导航系统，支持一键全自主飞行。

创衡S4及以上系列飞行控制与导航系统（图1-6-9），其内部集成多冗余高精度组合导航系统（GPS/INS）、可实现一键自动起飞、降落、悬停、盘旋、返航等多种形式的按预定航线自主巡航功能，提供全面的飞行状态监视报警功能和完善的应急保护机制，确保系统安全运行。

图1-6-8　翔仪XYFC-4XX系列飞控

图1-6-9　创衡S40飞控

选择垂直起降固定翼无人机飞控系统，主要从以下几个方面考虑：

适配性：目前较多的垂直起降固定翼无人机厂家，主要进行机体设计、研发、制造（含动力部分），采购成熟的飞控，选择合适的飞控主要考虑产品适配性，包括产品结构特点、产品用户、应用场景、性能要求等多方面。

稳定性：飞控的稳定性直接关系无人机的飞行安全，在满足使用要求的前提下，应选择稳定性较好的飞控。首先，应关注生产飞控公司的销售制造能力，销量大、产值高的飞控生产厂家，在生产制造流程、工艺水平、质量管理、产品测试等方面有优势，飞控产品的稳定性相对较好；其次，应关注飞控产品的应用实例，广泛应用于多场景、多机型的飞控，其稳定性相对较好。

功能性：闭源飞控和开源飞控各有优势，闭源飞控的特定专用功能针对性较强，安装调试简单，对用户的使用水平要求较低；开源飞控是基于开源思想的飞行自主控制器项目，软件和硬件信息都是公开的，可以根据实际应用需求进行二次开发和共享，对外在功能性需求方面的适应性较好。

3. 通信导航系统选型

通信设备解决无人机控制器与地面站、控制人员之间信息传输的问题，这些设备可以在无人机飞行时传送无人机姿态和位置信息，接收来自地面站的指令。设备包括配套的无线遥控器与接收机、数字电台、跟踪天线等，这些设备需要与飞行控制系统相互兼容，并拥有稳定的工作状态。

无人机控制和数据传输方式主要有以下方式。

（1）无线电台。

依据《中华人民共和国无线电频率划分规定》及我国频谱运用状况，规划840.5～845 MHz、1430～1444 MHz和2408～2440 MHz频段用于无人驾驶航空器系统。它的通信间隔普遍在15～30 km之间，广泛应用于军警、植保、航测等各类工业级无人机。而且为了保证信号的可靠性和抗干扰性，一般都会采用相应的载波控制调制技术，如跳频技术和OFDM（Orthogonal Frequency Division Multiplexing，正交频分复用）技术等。

（2）Wi-Fi。

Wi-Fi技术非常成熟，无人机可以方便地通过无线Wi-Fi传输视频或者图像，缺点在于传输距离较短，如果想要远距离控制，需要增加大功率的中继设备，不方便携带，所以比较适合短距离的场景应用。

（3）4G和5G技术。

4G和5G技术的优点是图像传输延迟小，控制距离可以延伸到超视距，只要有信号的地方就不会断开控制链接，只需在无人机设备上加装4G和5G模块，即可让无人机连入网络供应商搭建的基站使用，类似手机通话。

（4）蓝牙。

蓝牙技术是一种无线数据和语音通信开放的全球规范，基于低成本的近距离无线连接。采用蓝牙信号进行连接的无人机操控距离都是较短的，一般都是一些初级爱好者进行DIY时采用的一种连接方式，制作较简单，价格低廉，用手机蓝牙即可进行连接操控。

（5）卫星。

GPS信号是通过卫星来进行连接的一种信号，它可以用来进行定位与导航。远距离定位与导航主要使用这种技术。普通GPS模块的精度一般，误差在米以上，差分GPS技术（RTK）的精度可以达到厘米级别。

基于垂直起降固定翼无人机的运动特性，尤其是在以固定翼方式飞行的过程中，其信号会因飞行环境和速度变化而衰减，主要会出现以下情况。

（1）多径效应。

传输信号以电磁波的形式在空中传播，其传播特性与外界环境有很大关系。在同一个接收地点，所收到的信号是由主径信号直射波和从建筑物或山丘反射、绕射过来的各种路径信号叠加而成的。各路径信号到达接收点时强度和相位都不一样，存在自干扰，导致叠加后的信号电平起伏变化，严重时信号电平起伏约30 dB，这就是多径效应或多径干扰。在无人机移动通信系统中，采用分集接收技术抗多径干扰。

（2）阴影效应。

类似阳光受到建筑物的阻挡产生阴影，电磁波在传输过程中，受到建筑物的阻挡，信号只有少部分传送到接收地点，使接收信号的电平起伏变化，即产生阴影效应。

（3）多普勒效应。

由于移动通信常常在快速移动中进行，当移动速度达到70 km/h以上时，接收信号的频率随着速度和信号入射角的变化而变化，使接收信号的电平起伏变化，即出现多普勒效应。在移动通信系统中，使用锁相技术可以降低多普勒效应给信号带来的影响。

无人机的通信导航系统应根据具体的飞行场景进行选择。结合垂直起降固定翼无人机的飞行特点，目前市面上主要采用无线电台+GPS的通信导航方式。

4. 其他零部件或子系统选型

其他零部件或子系统的选型，可参见前述"任务二　穿越机的组装与调试""任务三　消费级多旋翼无人机的组装与调试"。

三、垂直起降固定翼无人机的组装

垂直起降固定翼无人机的组装步骤一般为：机体组装、动力系统装配、飞控系统安装、电气系统安装以及机载设备安装。组装和工艺应遵循的原则可参考前述"任务一　无人机组装与调试基础"。

垂直起降固定翼无人机产品组装步骤一般由厂家确定，部分组装顺序可适当调整或者两个以上步骤并行组装，前提是不能影响整机的产品质量与性能。

四、垂直起降固定翼无人机的调试

垂直起降固定翼无人机的调试内容可参考前述"任务三　消费级多旋翼无人机的组装与调试"，下面对垂直起降固定翼无人机的部分调试内容进行介绍。

（一）重心调试

垂直起降固定翼无人机的重心调试，是指整机组装完成后，将固定翼的重心调整到设计范围之内，且总质量不超过设计的起飞全重。重心位置对飞行性能、稳定性和操纵性有较大影响，因此，在组装完成后首先要进行重心调试。一般来说，固定翼无人机的重心设计在机翼前缘到后缘的25%～35%之间。垂直起降固定翼无人机的全机重心要求与旋翼系统的中心位置重合，保证四旋翼的操纵性与稳定性，如图1-6-10所示。

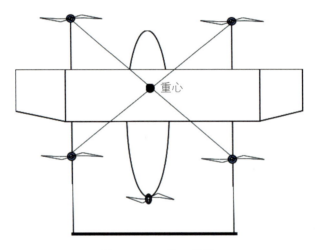

图1-6-10　重心位置

调整方法：根据设计要求，为了能达到平衡，一般采用调整设备放置或配重的方法。首先，可通过调整电池的安装位置来进行重心的调整；其次，在不影响机载设备的连线及使用的前提下，还可通过调整无人机上的机载设备位置进行重心的调整；最后，还可通过配重的方式进行重心的调整，可使用薄的铅片作为配重，固定在合适位置。

（二）舵量调试

垂直起降固定翼无人机的舵量调试一般应有两次。

第一次：在整机装配完成后，需要调整副翼、方向舵和升降舵的行程大小，舵量太大或太小都会影响操纵。一般产品说明书会提供舵量建议数据，初次试飞前应参考建议值。

第二次：进行飞行试验后，可根据无人机的实际飞行情况及个人的操纵习惯，对无人机的各舵量进行调整，舵量值是没有绝对标准的，每次应调整一个小数量，再进行试飞，经过几次调整后才能达到理想状态。

调整方法：垂直起降固定翼无人机一般采用数字金属舵机，在组装阶段，按照机械装配工艺要求，舵机摇臂与舵角安装在同一条直线上，通过调整连杆在舵机摇臂和在舵角上的安装位置，实现舵面偏转量的设置，如图1-6-11所示。舵机摇臂的安装孔越靠外，行程越大；越靠里，行程越小。舵角的安装孔越靠外，行程越小；越靠里，行程越大。

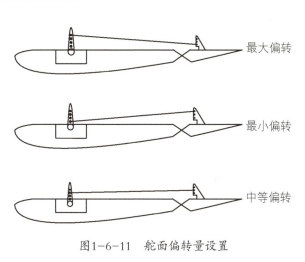

图1-6-11　舵面偏转量设置

（三）飞控调试

垂直起降固定翼无人机的飞控调试与多旋翼、直升机的飞控调试方法基本一致，不同的飞控有不同的调试软件，其调试步骤有一定差异，但是基本的调试内容类似，常见垂直起降固定翼无人机飞控调试软件见表1-6-3。

飞控调试主要包括：固件下载及安装、机型选择、遥控输入校准、感度校准、加速度校准、罗盘校准、电机校准、电调校准等。具体的校准步骤及其他任务设置可参见前述"任务三　消费级多旋翼无人机的组装与调试"。

表1-6-3　常见垂直起降固定翼无人机飞控调试软件

飞行控制系统	调试软件	官网
成都纵横MP-101V	CWCommander	www.jouav.com
零度智控北极星系列	ZERO-TECH 固定翼地面站软件	www.zerotech.com
赫星Pixhawk2	Mission Planner地面站软件	www.ardupilot.org
翔仪XYFC-4XX系列	翔仪地面站软件	www.xy-uav.com.cn
创衡S系列	UAV-GCS40地面站软件	www.i-balance.cn

五、垂直起降固定翼无人机的测试

（一）零部件测试

无人机整机的质量与性能，与零部件质量息息相关，在进行装配前，应对装配零部件进行测试，测试的目的是对采购、委托加工或自主制作加工的基础零部件进行品质控制，建立航材档案登记库。确保组装前各零部件质量合格，并且在出现故障或事故后，具备可追溯的初始条件。

1. 零部件分类

机体结构件：机身本体、机翼、尾翼、加强框、隔框、桁条、桁梁、起落架、四旋翼机臂及螺旋桨等。

机体紧固件：五金件、冲压件、注塑件、连接铰链、舵角、摇臂及连杆等。

电子电气部件：电源、飞控、电调、电机、数传遥控、连接线、绝缘件、护套、绝缘固定件及夹扣等。

辅助材料：黏合材料、固化材料及化工、溶剂类材料等。

辅助部件：装饰件、贴纸、纺织品及小配件等。

2. 测试方案

（1）机体结构件。

机体结构件组成了垂直起降固定翼无人机的整机结构主体，承载飞行载荷，承受起降冲击，安装、携带及保护任务设备，为防止结构缺陷引起风险，必须逐一检查有无变形、裂纹、缺陷等影响安全的隐患。对机体结构件的检查可参考表1-6-4，可根据实际需要修改表格形式及检查项目，以符合实际要求。

表1-6-4　垂直起降固定翼无人机机体结构件检查记录表

名称	检查项目	检查结果	备注
机身本体	变形、裂纹、缺陷		
机翼	变形、裂纹、缺陷		
尾翼	变形、裂纹、缺陷		
加强框	变形、裂纹、缺陷		
隔框	变形、裂纹、缺陷		
桁条	变形、裂纹、缺陷		
桁梁	变形、裂纹、缺陷		
起落架	零件是否齐全、无破损		

（续表）

名称	检查项目	检查结果	备注
四旋翼机臂	零件是否齐全、无破损		
螺旋桨	变形、裂纹、缺陷		
……	……		

零部件的测试主要是针对机体结构件的测试，可分别对各部件施加适当的静力载荷，检验结构是否符合设计规定，观察在测试过程中机体结构件的变化。为检验所有结构件的装配工艺、制造误差是否合格，可以在静力加载测试前，先将所有的加强框、隔框、碳纤维管、定位框等做预组装。在不加胶水粘接的情况下，仅仅依靠部件之间的摩擦力组装成机身，再进行静力测试。观察各部件的变形量，找出应力集中位置是否存在风险并记录。

静力加载测试的简易方法：在一张面积足够大的工作台上放置两端支撑物，可以是软木块，并垫上泡沫或海绵缓冲垫；将被测结构件放置在两端支撑物上，在结构件上均匀加上一定质量的砝码，用拉线法测量并记录部件变形情况，判断是否在合格范围内。

某企业的垂直起降固定翼无人机的机体结构件测试方法如下：

①机身的加载测试：将机身倒放，支撑头尾两端，适当固定，防止滚转倾倒，在机身焦点位置压上规定载荷，使用拉线法测量的机身变形量不超过规定数值，则可认为结构强度是满足设计要求的。

②机翼的加载测试：将机身和机翼组装好，并正向放置，支撑机翼两端外翼端，加载位置在机身纵轴线约30%翼弦处，同样用规定载荷，使用拉线法测量的机翼变形量最大不超过规定数值，则可认为结构强度是满足设计要求的。

③尾翼的加载测试：倒置机体，支撑水平尾翼两端，在尾椎中间加载规定的载荷，测量的尾翼变形量不超过规定数值，则认为没有断裂风险。

④四旋翼系统的加载测试：四旋翼系统包括旋翼电机座、碳纤维管、机翼连接卡扣等部件，预组装之后，在机身重心位置压上规定载荷，两人配合，各自握拿两个旋翼机臂的电机位置，将无人机整机抬起，适当摇晃，以检验结构的可靠性。

通过以上物料清点、查验、记录、照相取证、预组装、静力测试等流程，可以确认机身本体质量是否合格，若合格，则可以组装，进入下一步设备安装阶段。

（2）机体紧固件。

机体紧固件用于机体各部分的连接、加强，活动部分的支撑，操纵机构动作。零件种类全、数量多、细小部件多，应用零件盒分门别类地清点、检查、存放，可参考表1-6-5。如果遇到数量缺少、缺陷、公差大等情况，要及时联系供应方解决。

表1-6-5　垂直起降固定翼无人机机体紧固件检查记录表

名称	检查项目	数量	检查结果	备注
五金件	外观、缺陷			
冲压件	外观、缺陷			
注塑件	外观、缺陷			
连接铰链	外观、缺陷			
舵角	外观、缺陷			
摇臂	外观、缺陷			
连杆	外观、缺陷			
……	……			

（3）电子电气部件。

电子电气部件组成飞行控制系统和通信系统。查验原则是数量齐全，接插件完好，线皮、线芯无氧化或损伤，可参考表1-6-6。

表1-6-6　垂直起降固定翼无人机电子电气部件检查记录表

名称	检查项目	检查结果	备注
电源	电压电流计正常		
	PMU电源配电器正常		
飞控	飞控仪本体完整		
	气压计正常		
	空速计正常		
	惯性测量单元正常		
	其他组件正常		
电调	通电正常		
电机	通电转动		
数传	数字电台地面端、天空端正常通信		
遥控	遥控器、接收机对频成功		
连接线	完整，无破损		
绝缘件	完整，无破损		
护套	完整，无破损		
绝缘固定件	完整，无破损		

（续表）

名称	检查项目	检查结果	备注
夹扣	完整，无破损		
……	……		

（4）辅助材料。

辅助材料主要指各类黏合材料、固化材料及化工、溶剂类材料等，对于无人机制作质量、完成度、抗载荷、抗疲劳、抗老化具有关键作用。查验原则是检查其是否在有效期内，取小样做测试，确认材料物理化学性能符合要求。不能有过期、干枯、变质、化学性能老化等不符合要求的项目，可参考表1-6-7。

表1-6-7　垂直起降固定翼无人机辅助材料检查记录表

类别	部件名称	检查项目	数量	检查结果	备注
黏合材料	泡沫胶	生产日期、测试			
	环氧树脂				
	502快干胶				
	A/B丙烯酸酯胶				
	热能胶				
	双面胶				
	密封硅胶				
	纤维胶带				
固化材料	固化剂	生产日期、测试			
	螺丝胶				
	填料				
化工、溶剂类材料	无水酒精解胶剂	生产日期、测试			
……	……	……			

（5）辅助部件。

辅助部件主要指装饰件、贴纸、绑带、纺织品及与飞行安全无关的小配件等。查验原则是出厂品质合格，无老化、气泡、断裂、变色、分层，可参考表1-6-8。

表1-6-8　垂直起降固定翼无人机辅助部件检查记录表

部件名称	检查项目	数量	检查结果	备注
装饰件	完整、无断裂			
贴纸	完整、无断裂			
纺织品	完整、无断裂			
小配件	完整、无断裂			
……	……			

（二）子系统测试

1. 动力系统测试

垂直起降固定翼无人机的动力系统由1套四旋翼电动系统和1套固定翼推进电动系统组成，要分别对两套系统的电机和电调进行通电检测、校准及设置，使其能够正常工作。特别注意：在所有调试完成之前，禁止装螺旋桨。

（1）四旋翼电动系统。

①准备遥控器和接收机，将电调信号线连接到接收机，电调正确连接电机；

②将遥控器油门杆置于最高位，接通电调电源，听到"哗，哗"两声，立刻把油门杆拉到最低位置，完成电调行程校准；

③将遥控器油门杆置于最高位，接通电调电源，听到"哗，哗，哗，哗"四声，立刻把油门杆拉到最低位置，取消电调刹车，再断开电源；

④把遥控器油门杆拉到最低位置，重新接通电源，检验并调整旋翼电机的转向及控制，测试过程中主要关注四个旋翼电机的对称性、动态响应特性。

（2）固定翼推进电动系统。

主要步骤与上述四旋翼电动系统相同，主要检验并调整推进电机的转向及控制。

以上检测调试完成后，可以将两套动力系统安装到整机上。

2. 飞行控制系统测试

飞行控制系统是控制无人机飞行的重要系统，对飞行控制系统进行测试，排除信号干扰，是保证飞行安全的重要环节。首先完成飞行控制系统的预组装，按照系统要求正确连接好电压电流计、电源线、空速计、气压计、卫星定位接收机、遥控接收机及舵机等部件，随后进入飞行控制系统测试。

①系统通电，预热启动，将USB线连接至地面站，进行初始设置，安装固件，导入配置文件；

②完成水平校准，磁罗盘校准，遥控接收信号校准，空速计、气压计端口设置校准，初始定位校准等，检查地面站的"飞行数据"界面基本信息显示是否正常；

③检查飞控输出控制的舵机正反向、行程量、固定翼模式、旋翼模式、自动模式的设置和反馈是否符合设计值；

④重启系统，进行1 h以上的老化试验，观察各部件温度、数据、动作稳定度是否正常。

完成以上步骤，确认飞行控制系统正常，即可装机调试。

3. 通信导航系统测试

垂直起降固定翼无人机的通信导航系统测试，主要包括遥控器、数字电台和GPS的通信测试。在无人机上安装好遥控接收机、数字电台天空端和卫星定位接收机后，进行测试。

①在地面端安装相应的数字电台调参软件，合理设置数字电台的波特率、地址码、频段、校验值，进行联通测试，保证数据链路双向畅通；

②将无人机放置在室外起降场地，进行整机通电统调，完成遥控器的基本控制、飞行模式设置、水平校准、AHRS航姿参考系统校准、地理位置校准、高度校验、空速校验，确认自动模式和保护模式响应正确；

③在地面站规划一个基本的五边航线，将起降程序上传至无人机端，解锁动力系统，启动自动模式，观察此时无人机的动态响应及所有电机转向和反馈是否正常。

确认以上检查步骤全部合格通过，关闭无人机电源，正确安装正反螺旋桨，进入整机测试。

（三）整机测试

整机测试是检验无人机装调正确性，保证飞行安全的重要环节。将经过测试且符合标准的零部件装配成整机，还需要对无人机整机进行性能测试，整机测试分为2个阶段：试飞准备阶段、飞行试验阶段。

1. 试飞准备阶段

试飞准备阶段主要有以下工作：

（1）飞行试验大纲的拟订。

有人机试飞前要编制飞行试验大纲，简称试飞大纲，它是组织实施飞行试验的纲领性技术文件，既是编制飞行试验改装技术条件、试飞任务单等试飞文件和制定与试飞有关的各种技术指令的主要依据，又是评价飞行试验是否达到预期目标、检查技术效果的尺度。

典型的试飞大纲的内容一般包括：制定大纲的依据，飞行试验的目的和意义，被试对象及其特点，试验内容和要求，试验总方案，飞行试验和地面试验（含实验室模拟试验）方法，测试方法及数据处理方法，测试参数清单及精度要求，飞行试

验起落安排，地面及飞行试验结果的提供方式等。

民用无人机的试飞大纲可根据实际使用情况编制，不需像有人机的试飞大纲包括这么多内容。以下是某企业的垂直起降固定翼无人机的飞行试验大纲（简化版）。

垂直起降固定翼无人机飞行试验大纲（简化版）

1. 试验目的：测试该款无人机的性能指标是否达到设计要求。

2. 试验对象：某款复合翼垂直起降固定翼无人机。

3. 试验项目：起飞全重、飞行高度、航时、通信距离、适航特性等。

4. 试验场地：超过3 km²的开阔测试场地，合法空域。

5. 试验设备：1台复合翼垂直起降固定翼无人机，1套地面站设备，计时器等。

6. 试验人员：飞行操作手1人，起降操作手1人。

7. 试验方案：

（1）起飞全重测试。

测试方法：此套动力系统承受能力以电流计返回地面站的电流值数据作为表征参考。悬停电流不大于80 A，推进电流不大于40 A。任一次试验超过此电流值，即为最大起飞质量载荷，可通过逐次加载方法，逐步增加载重量测得。

（2）飞行高度测试。

测试方法：在自动航线飞行模式下，用"飞行至此"功能，使无人机绕目标点盘旋，设定盘旋高度，观察电机电流和电池电压，在上述安全数值范围内，得到飞行高度。

（3）航时测试。

测试方法：在自动航线飞行模式下，用"飞行至此"功能，使无人机绕目标点盘旋，到电池电压下降到19.5 V时，执行自动降落程序，测定航时。注意：此时电量仅能支持2 min的旋翼飞行，具有一定风险。

（4）通信距离测试。

测试方法：得到空中交通管制部门的允许，用直线飞出"拉距法"测定，测试前需要设置"双保险"：一是在"飞行计划"中，设置一个闭合航线，即使失联，无人机也能在航程航时限制内自动返航；二是在地面站设置"地面站失联保护返航"，地面站信号弱就自动返航，由此测定最大通信距离。

（5）适航特性测试。

测试方法：在固定翼飞行模式下，采用手动航线飞行，在水平直线飞行中，对副翼操纵杆以"脉冲"方式打杆超过二分之一行程，在0.5 s以内放回中立位置，基本能自动收敛稳定在固定坡度倾角或者水平；同样的原理，对升降舵操纵杆打杆，能自动收敛稳定恢复水平飞行或不超过限制姿态角，不出现"短周期震荡"，为静稳定测试合格，认为该无人机具备自主安全飞行能力。

8. 试验步骤：

（1）按飞行器检查单，对飞行器整体进行检查，并记录。

飞行器检查单

检查项目	目标状态	实际情况
外观检查	正常	
机身	完好	
主翼	完好	
副翼	活动，无卡阻	
尾翼	完好	
升降舵	活动，无卡阻	
方向舵	活动，无卡阻	
螺旋桨	旋向正确	
起落架，起降辅助设施	完好	
动力电池电压	正常	
飞控电源电压	正常	
……	……	

（2）按地面站检查单，对地面站相关设备进行检查，并记录。

地面站检查单

检查项目	目标状态	实际情况
飞控端电源	接通	
数字链路	链接	
油门行程	设定	
水平校准（攻角设定）	正确	
加速度计	正常	
陀螺仪	校准	
磁力计	校准正常（无红字）	
参数表（关键通道参数）	设定	
任务航线上传并确认	证实	
返航点，高度，空速清零	证实	
解锁、锁定检查	正常	
地平仪	正常	
模式切换	正确	
手控舵面	正常	
姿态增稳	正常	
自动模式	正常	
……	……	

（3）按航前检查单，依次对飞行环境及飞行器进行检查，并记录。

航前检查单

检查项目	目标状态	实际情况
起降环境，气象条件	符合规定	
解锁	正常	
手控舵面	正常	
增升及减速装置	正常	
重心	正常	
起飞质量	正常	
舱门	锁闭	
机身多余物品	清除	
动力检查	正常	
……	……	

（4）两名操作手配合进行飞行测试，并填写飞行测试记录单。

飞行测试记录单

阶段	测试项目	技术指标	测试结果
起飞阶段	起飞质量（kg）		
	……		
四旋翼飞行阶段	飞行高度（m）		
	航时（h）		
	……		
固定翼飞行阶段	航时（h）		
	通信距离（m）		
	适航特性		
	……		
着陆阶段	平稳着陆		
	……		

（5）飞行后，按航后检查单进行逐一检查，并记录。

航后检查单

检查项目	目标状态	实际情况
着陆区	检查	
锁定	确认	
碰撞检查	检查记录	
电源电压	检查记录	
工作温度	检查记录	
数字链路	联通	
数据下载	检查记录	
安全措施	实施	
断电	确认	
结构检查	检查记录	
维修措施	实施记录	
……	……	

9. 试验报告：

（1）试验过程基本情况记录。

试验过程基本情况记录表

阶段	情况记录
试飞前	
试飞中	
试飞后	

（2）试验数据分析。

试验数据分析表

数据内容	分析结果
陀螺仪数据	
加速度计数据	
……	

（3）基本结论。

试验报告单

机型	项目	测试/分析结果	结论
垂直起降固定翼	起飞质量		
	飞行高度		
	航时		
	通信距离		
	适航特性		
	陀螺仪		
	加速度计		
	……		

（2）试飞准备工作。

首先，根据飞行试验大纲准备物资。按大纲要求准备、检验和测试，确保物资设备工作正常、稳定，因为任何一部分的疏忽都有可能影响试飞，造成不必要的损失。

其次，试飞前要对各项试验条件做好选择。关注计划试飞当日的天气情况，试飞时的气温、气压能影响机载传感器的误差，而风速和风向则会影响飞行状态。

最后，确定参与试飞的人员及分工。试飞人员应熟悉飞行试验大纲，明确飞行操作手和地面操作手各自的职责，以利于在飞行现场有序开展工作。

2. 飞行试验阶段

飞行试验阶段，按照试飞程序进行准备和放飞，由至少2名人员合作完成，1名人员负责无人机的飞行操作，观察无人机的飞行状态，1名人员负责地面站测试数据的实时处理和实时监控。

（1）飞行模式测试。

①四旋翼起飞测试。

由地面操作手控制遥控器，设定旋翼模式，解锁动力电机，推油门以四旋翼模式起飞，检查悬停状态是否正常。

②四旋翼模式飞行测试。

以四旋翼模式进行悬停测试。检验旋翼动力系统效能，PID控制系统的姿态、高度和位置控制能力。

悬停状态检查过程中测试左右横移、前后移动、高度控制、方向控制是否正常，有没有反向。如有反向，则及时降落检查调参设置；控制好悬停高度，所有摇杆位于中立位置，观察无人机悬停状态下的漂移量，能自主控制在一个机身宽度范围为合格；否则，需要重新检查水平校准、卫星数量、PID值是否在合理范围内。

③四旋翼着陆测试。

以四旋翼模式操纵无人机，使其平稳着陆，着陆后检查机体结构是否有足够的强度，机身、翼面，特别是操纵面有没有松动和变形。

④固定翼模式飞行测试。

以固定翼模式进行航线飞行，观察机体姿态是否稳定，若机体出现周期以秒计算的反复俯仰和滚转，伴随航向变化，则认为这种震荡状态与机体的结构可靠性、重心、舵机机械响应有很大关系，应重点检查机体结构情况；若机体出现周期以数

十秒到分钟计算的反复俯仰、滚转、航向震荡，无法在足够长的距离内"压住航线"，则认为这种震荡状态与飞控系统调参有关，应重点检查各控制通道对应的PID值是否合适、电机的供电是否稳定、电机的功率负荷是否合理，检查卫星定位接收机、各类信号导线有没有耦合干扰现象。

⑤四旋翼飞行模式与固定翼飞行模式转换测试。

四旋翼飞行模式与固定翼飞行模式转换测试，指两种飞行模式的切换平稳性的试验。手动操纵状态下，在四旋翼飞行模式下平飞达到一定速度后，才可切换至固定翼飞行模式；在手动操纵状态下切换成功后，才能进行自动模式切换，让无人机自动执行完整的自动起飞和自动降落航线工作，观察无人机模式转换是否顺畅稳定，并从地面站观察航线质量是否达标。该测试中可能出现的主要问题是切换过程中无人机姿态不稳，机体发生抖动。

（2）飞行性能测试。

按照飞行试验大纲要求，对起飞全重、飞行高度、航时、通信距离、适航特性等进行测试。

（四）测试报告

飞行试验完成后，应按照飞行试验大纲上的要求，根据测试数据记录表，进行测试结果数据分析，最后编制测试报告。

一、任务准备

（一）选型准备

根据任务要求，结合"学习储备"中的选型原则和方法，完成零部件选型。垂直起降固定翼无人机零部件选型清单如表1-6-9所示。

表1-6-9 垂直起降固定翼无人机零部件选型清单

系统	硬件	类型参数	数量	单位
机体	机身	迪飞DF-EDU 08	1	套
	机臂	四旋翼 轴距1200 mm	1	套
动力系统（固定翼）	电机	XM5050EA KV515	1	个
	电调	80 A	1	个

（续表）

系统	硬件	类型参数	数量	单位
动力系统 （固定翼）	电池	6S 16000 mAh	1	块
	螺旋桨	APC 15 cm×8 cm马刀桨	1	个
	舵机	DS135MG	4	个
动力系统 （四旋翼）	电机	MN5212 KV340	4	个
	电调	60 A	4	个
	电池	6S 53000 mAh	2	块
	螺旋桨	1855 mm碳纤维 正反桨	2	对
飞行控制与导航系统	飞控	Pixhawk2	1	个
	GPS模块	Here3	1	个
通信系统	遥控器	AT9S Pro	1	个
	接收机	R9DS	1	个
	数传	RFD900X	1	套

（二）零部件准备

根据零部件选型清单，分门别类地整理、摆放好零部件。垂起固定翼无人机零部件的整理、摆放如图1-6-12所示。

图1-6-12　垂直起降固定翼无人机零部件的整理、摆放

（三）装调工具准备

根据零部件选型清单，选择合适的装调工具。填写垂直起降固定翼无人机装调工具清单，如表1-6-10所示。

表1-6-10　垂直起降固定翼无人机装调工具清单

工具名称	工具型号	数量	单位
内六角螺丝刀	2.0 mm/2.5 mm/3.0 mm	各1	把
斜口钳	5 in	1	把
电烙铁	907S	1	把
烙铁架	金属圆盘烙铁架	1	套
防静电镊子	直扁头	1	把
调参数据线	安卓Type-C二合一	1	根
锂电钻	—	1	套
游标卡尺	150 mm	1	把

（三）装调材料准备

根据零部件选型清单，选择合适的装调材料。填写垂直起降固定翼无人机装调材料清单，如表1-6-11所示。

表1-6-11　垂直起降固定翼无人机装调材料清单

材料名称	材料参数	数量	单位
焊锡	0.8 mm	1	卷
纤维胶带	15 mm	1	卷
双面胶	12 mm（宽）×5 m（长）×1.2 mm（厚）	1	卷
电源线	14AWG	1	m
	12AWG	1	m
插头	XT60公母头	1	对
	XT90公母头	1	对
醋酸胶布	15 mm	1	卷

（四）装调软件准备

根据零部件选型清单，选择合适的装调软件。填写垂直起降固定翼无人机装调软件清单，如表1-6-12所示。

表1-6-12　垂直起降固定翼无人机装调软件清单

软件名称	软件版本	备注
Microsoft Windows操作系统	7或10	—
Mission Planner	V1.3.74	—

（五）技术图纸

该机型的电气原理图见图1-6-13，结合实际零配件型号，画出组装连接图，如图1-6-14所示。

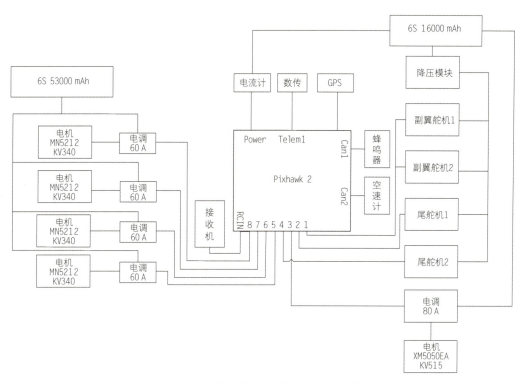

图1-6-13　垂直起降固定翼无人机电气原理图

图1-6-14　垂直起降固定翼无人机组装连接图

二、任务实施

（一）零部件测试

组装前，对机体结构件、机体紧固件、电子电气部件、辅助材料及辅助部件，按照表1-6-4至表1-6-8进行测试及检查记录，以确定零部件功能是否完备、性能是否达标，再进行下一步装配。

（二）组装

根据"学习储备"中组装的相关知识，结合本机零部件的实际情况，此无人机的组装流程如图1-6-15所示。

1. 步骤1：装调准备

按任务准备要求，准备好场地工位、零部件、装调工具、装调材料、装调软件。

2. 步骤2：安装起落架

安装起落架到机身。选用M4×14螺钉，将起落架安装到机身下部，对准螺纹孔，注意螺钉紧固前需要涂螺纹胶防松，如图1-6-16所示。

3. 步骤3：安装舵机

安装舵机至碳板。安装舵机摇臂，用M3×8螺钉及螺母，将舵机固定于方形碳板上，舵机摇臂穿出碳板孔，

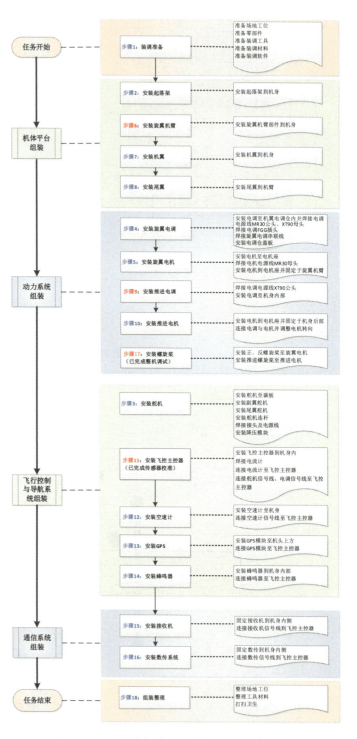

图1-6-15　垂直起降固定翼无人机组装流程图

图1-6-16　安装起落架到机身

如图1-6-17所示，完成4个舵机与碳板的安装。

安装副翼舵机。插接舵机延长线，将上一步安装好的舵机组件，装入机翼外侧方孔内，使用M2×8自攻螺钉固定，注意舵机摇臂与副翼的舵角在同一直线上，将舵机延长线从机翼靠近机身处的方孔穿出，如图1-6-18所示。

图1-6-17　安装舵机至碳板

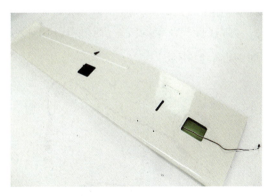

图1-6-18　安装副翼舵机

安装尾翼舵机。插接舵机延长线，将舵机组件装入尾翼方孔内，注意舵机摇臂与副翼的舵角在同一直线上准尾翼圆孔，使用M2×8自攻螺钉固定，将舵机延长线从尾翼碳管中穿出，如图1-6-19所示。

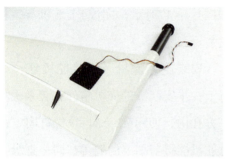

图1-6-19　安装尾翼舵机

安装舵机连杆。用连杆将舵机摇臂与舵角连接，调整连杆位置，在舵机中立位时，舵面应与翼面平齐，确定位置后用M2×8螺钉固定连杆，如图1-6-20所示。

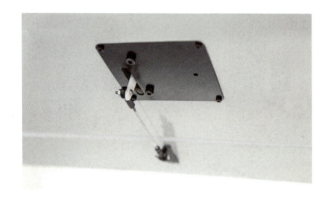

图1-6-20　安装舵机连杆

焊接接头及电源线。焊接舵机FGG接头、焊接降压模块电源线，注意线序正确，如图1-6-21所示。

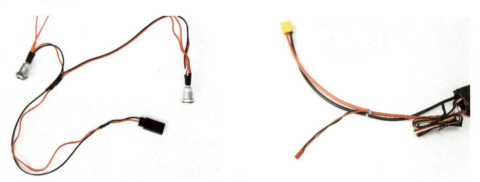

图1-6-21　焊接接头及电源线

安装降压模块。将降压模块用热缩管保护，并安装至机身内部侧面，将降压模块与舵机连接，为舵机供电，如图1-6-22所示。

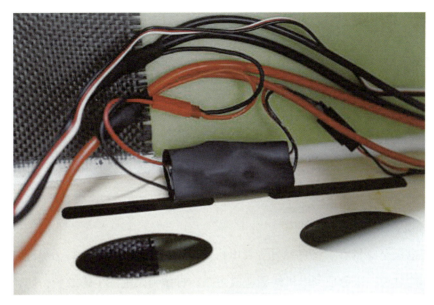

图1-6-22　安装降压模块

4. 步骤4：安装旋翼电调

安装电调至机翼电调仓内并焊接电调电源线MR30公头、XT90母头。将4个旋翼电调分别放入左右机翼方孔内，焊接MR30公头，焊接XT90母头，注意焊接后套上热缩绝缘管，如图1-6-23所示。

焊接电调FGG插头。将FGG插头焊接至电调，注意线序正确，如图1-6-24所示。

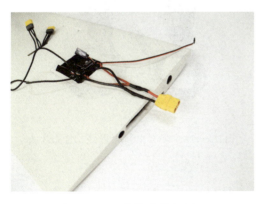

图1-6-23　安装旋翼电调

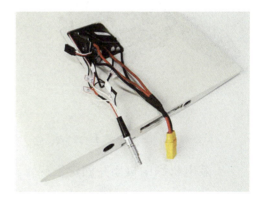

图1-6-24　焊接FGG插头

焊接旋翼电调串联线。焊接电调串联线并焊接上XT90公头，并在焊接处套上热缩管，如图1-6-25所示。

安装电调仓盖板。将盖板放入电调仓，并用M2×8的螺钉固定，如图1-6-26所示。

图1-6-25　焊接旋翼电调串联线

图1-6-26　安装电调仓盖板

5. 步骤5：安装旋翼电机

安装电机至电机座。将1、3号旋翼电机安装至电机座，并用M3×6螺钉固定，注意螺钉不能过长，以免顶到电机线圈造成短路，拧螺钉之前涂上螺纹胶，防止无人机飞行时的震动导致螺钉松动，然后将电机线放入电机座内从侧面穿出，如图1-6-27所示。

焊接电机电源线MR30母头。将4个电机电源线焊接上MR30母头，并套上护套，如图1-6-28所示。

图1-6-27　安装电机至电机座

图1-6-28　焊接电机电源线MR30母头

安装电机到电机座并固定于旋翼机臂。将1、3号电机安装至机架管末端，将2、4号电机安装至碳板电机座，再将2、4号电机及电机座整体通过管夹，用M3×45螺钉安装并固定至机架碳管的指定位置，如图1-6-29所示。

图1-6-29　安装电机到电机座并固定于旋翼机臂

6. 步骤6：安装旋翼机臂

安装旋翼机臂部件到机身。选用M4×14螺钉，将旋翼机臂安装到机翼下部，对准螺纹孔，注意螺钉紧固前需涂螺纹胶防松，如图1-6-30所示。

图1-6-30　安装旋翼机臂

7. 步骤7：安装机翼

安装机翼到机身。将两根碳杆穿入机身孔，注意两侧对称，再分别将两侧机翼孔对准碳杆插入，机翼与机身贴合，并扣上锁扣，如图1-6-31所示。

图1-6-31　安装机翼

8. 步骤8：安装尾翼

安装尾翼到机臂。将尾翼舵机穿过碳杆与机臂的舵机延长线连接，再将尾翼碳杆与机臂进行螺纹连接，如图1-6-32所示。

图1-6-32　安装尾翼

9. 步骤9：安装推进电调

焊接电调电源线XT90公头。焊接尾推电调电源线XT90公头，注意分清正负接口与正负线，如图1-6-33所示。

安装电调至机身内部。将电调固定在机尾内部木板上，如图1-6-34所示。

图1-6-33　焊接电调电源线XT90公头　　　图1-6-34　安装电调至机身内部

10. 步骤10：安装推进电机

安装电机到电机座并固定于机身后部。用M4×6沉头螺钉将推进电机座与电机固定，用M3×10的螺钉将电机固定在机身后部，如图1-6-35所示。

图1-6-35　安装电机到电机座并固定于机身后部

连接电调与电机并调整电机转向。将80 A电调与推进电机连线，接多功能LCD编程设定盒和电池，进行转向调试及飞行模式更改，如图1-6-36所示。

图1-6-36　连接电调与电机并调整电机转向

11. 步骤11：安装飞控主控器

安装飞控主控器到机身内。使用双面胶将飞控固定于机体内重心处，注意箭头方向应与机头方向一致，如图1-6-37所示。

焊接电流计。将电流计焊接至电源线香蕉头，注意线序正确，如图1-6-38所示。

图1-6-37　安装飞控主控器到机身内

图1-6-38　焊接电流计

连接电流计至飞控主控器。安装电流计至机身内侧，将电流计与电池电源线XT60接口连接，电流计与飞控连接为其供电，如图1-6-39所示。

连接舵机信号线、电调信号线至飞控主控器。按照连接图，将副翼舵机、尾翼舵机、电调信号线与飞控连接，注意插接方向，如图1-6-40所示。

图1-6-39　连接电流计至飞控主控器

图1-6-40　连接舵机信号线、电调信号线到飞控主控器

12. 步骤12：安装空速计

安装空速计至机身。连接空速管、气管和空速传感计，并将空速计组件安装至机头位置，空速管应裸露在外部，如图1-6-41所示。

 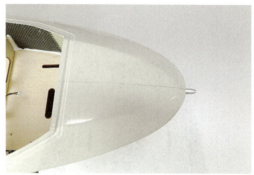

图1-6-41　安装空速计至机身

连接空速计信号线至飞控主控器。按照连接图，将空速计信号线与飞控连接，如图1-6-42所示。

13. 步骤13：安装GPS模块

安装GPS模块至机头上方，连接GPS模块至飞控主控器。按照GPS模块安装要求，使用双面胶将GPS模块固定在机头正上方，并按照连接图将GPS模块与飞控连接，如图1-6-43所示。

图1-6-42　连接空速计信号线至飞控主控器　　　　图1-6-43　安装GPS模块

14. 步骤14：安装蜂鸣器

安装蜂鸣器到机身内部，连接蜂鸣器至飞控主控器。使用双面胶将蜂鸣器粘在机体内部，注意不要让连线交叉，并按连接图，将蜂鸣器与飞控连接，如图

1-6-44所示。

15. 步骤15：安装接收机

将接收机固定到机身内侧，连接接收机信号线到飞控主控器。用双面胶将接收机粘在机身内，并将接收机与飞控连接，注意接收机天线朝下放置，如图1-6-45所示。

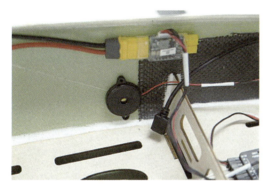

图1-6-44　安装蜂鸣器

图1-6-45　安装接收机

16. 步骤16：安装数传系统

固定数传到机身内侧，连接数传信号线到飞控主控器。用双面胶将数传天空端粘在机身内部侧面，按连接图将数传与飞控连接，将数传天线安装于机身外部，如图1-6-46所示。

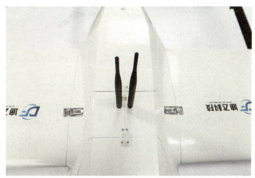

图1-6-46　安装数传系统

17. 步骤17：安装螺旋桨

安装正、反螺旋桨至旋翼电机，安装推进螺旋桨至推进电机。特别注意在完成整机调试后，才可安装螺旋桨，安装方向应与电机旋向配合，如图1-6-47所示。

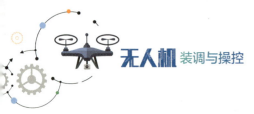

图1-6-47 安装螺旋桨

18. 步骤18：组装整理

按9S管理要求，整理场地工位，整理工具材料，打扫卫生。至此，垂直起降固定翼无人机组装完毕，组装整机如图1-6-48所示。

图1-6-48 垂直起降固定翼无人机整机

（三）无桨调试

无桨调试是指在无人机整机组装完成后、带桨调试（整机测试）前，通过调试软件对动力系统、飞行控制系统、通信导航系统等相关参数进行设置、调试、校准和查看等，使无人机的飞行操控更稳定、更安全。

此垂直起降固定翼无人机使用Pixhawk2飞控，使用Mission Planner调参软件进行调试，调试流程如图1-6-49所示。

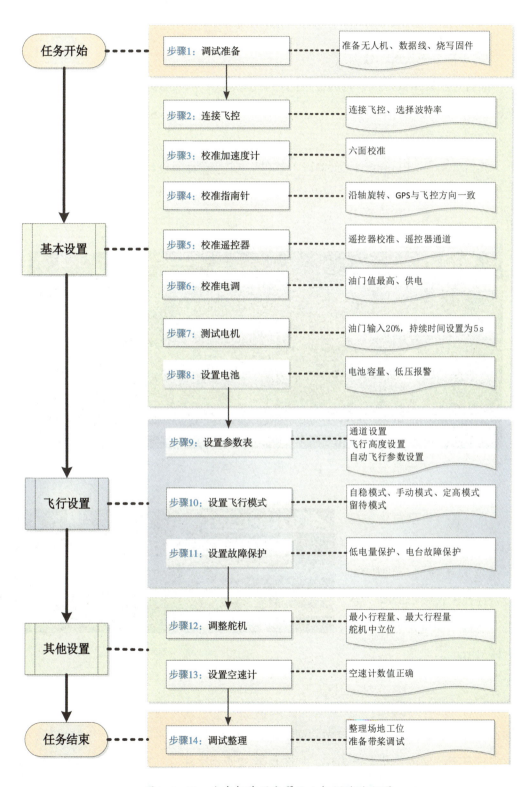

图1-6-49　垂直起降固定翼无人机调试流程图

1. 步骤1：调试准备

（1）准备无人机、数据线。

准备好调试用数据线，将数据线的一头连接无人机Pixhawk2飞控，另一头连接电脑USB接口。

（2）烧写固件。

双击Mission Planner（简称MP）软件，在"安装固件Legacy"菜单中，选择"加载自定义固件"，随后选择提前下载好的对应飞控固件点击打开，如图1-6-50所示。

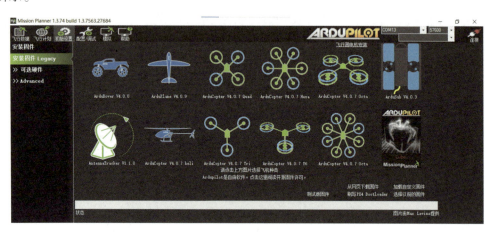

图1-6-50　烧写固件

2. 步骤2：连接飞控

将飞控与电脑连接，在MP主界面右上方端口选择下拉框并选择对应的COM口，选择波特率115200，点击"连接"即可连接，如图1-6-51所示。

图1-6-51　飞控的连接

3. 步骤3：校准加速度计

点击"必要硬件"→"加速度计校准"菜单，按界面右侧提示，点击"校准加速度计"，根据提示给飞控做六面校准，点击"校准水平"，保持飞控水平，等待数秒直至"完成"状态框出现，如图1-6-52所示。注意：在校准期间请勿移动飞控，且须将飞控保持在静置状态不动。

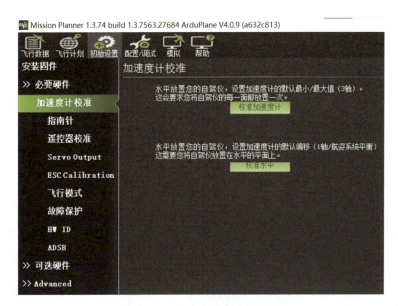

图1-6-52　校准加速度计

4. 步骤4：校准指南针

点击"必要硬件"→"指南针"菜单，在"Compass Priority"（罗盘优先级）界面下，勾选1号点的"Externa"（外置安装）选项，点击"Start"，随后将飞控及GPS沿着轴进行旋转，直到进度条达到100%，完成校准，如图1-6-53所示。注意：GPS需与飞控方向一致，贴着飞控进行校准。

图1-6-53　校准指南针

5. 步骤5：校准遥控器

将遥控器接收机与飞控连接，点击"必要硬件"→"遥控器校准"菜单，遥控器打杆，观察遥控器校准界面的方向是否正确，若不正确，勾选"反转"，随后点击"校准遥控"，将遥控器每个摇杆打到左右、上下的极限来回数次，将每个通道的摇杆同样来回拨动，最后按下"校准完成"，待校准行程量的数值表弹出后，则校准完毕，如图1-6-54所示。

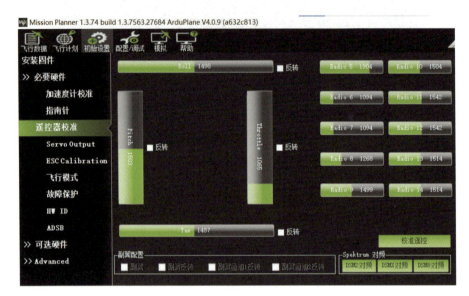

图1-6-54 校准遥控器

6. 步骤6：校准电调

打开全部参数表界面，把参数 Q_ESC_CAL改为1，并点击写入；把飞行模式切换成QSTABILIZE（自稳）模式；解锁安全开关，使用遥控器解锁无人机；将遥控器油门推到最高，插上电池给飞行器供电；听到电调发出"哔，哔"两声后2 s内把油门收到最低位置；听到发出低位确认音表示完成电调校准。

7. 步骤7：测试电机

打开MP软件，点击"可选硬件"→"电机测试"菜单，进入电机测试界面，将"油门 %"输入至20，持续时间设置为5 s，完成电机测试，如图1-6-55所示。

8. 步骤8：设置电池

点击"可选硬件"→"电池监测器"菜单，在右侧界面输入电池容量16000 mAh，监控器选择"Analog Voltage and Current"，APM版本选择"4:The Cube or

Pixhawk"，用万用表测量电池电压数据，填入"校准"中"测量电池电压"的输入框内，如图1-6-56所示。

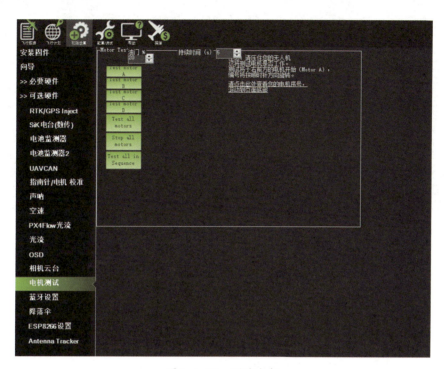

图1-6-55　测试电机

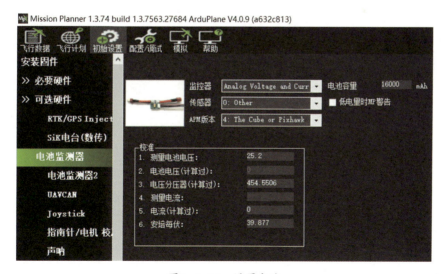

图1-6-56　设置电池

9. 步骤9：设置参数

点击"全部参数表"，进入全部参数表，修改以下参数，如图1-6-57所示：

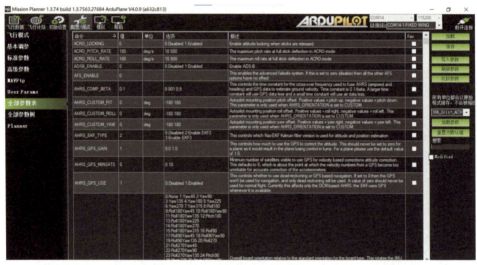

图1-6-57　设置参数

Q_Enable=1，打开vtol；

Q_FRAME_CLASS=1，四旋翼；

Q_FRAME_TYPE=1，选择电机布局为X结构；

SERVO1_FUNCTION=4（副翼）；

SERVO2_FUNCTION=79（左尾舵）；

SERVO3_FUNCTION=70（油门）；

SERVO4_FUNCTION=80（右尾舵）；

SERVO5_FUNCTION=33（1号电机）；

SERVO6_FUNCTION=34（2号电机）；

SERVO7_FUNCTION=35（3号电机）；

SERVO8_FUNCTION=36（4号电机）；

ALT_HOLD_RTL=10000，以固定翼模式返航后环绕home点飞行时的高度；

Q_RTL_ALT=30，飞机以多旋翼模式（QRTL飞行模式）返航时的高度；

Q_WP_SPEED=600，飞机以多旋翼模式（QRTL飞行模式）返航时的速度；

Q_WP_SPEED_DN=150，飞机以多旋翼模式（QRTL飞行模式）返航时到达home点后的初始下降速率；

Q_LAND_FINAL_ALT=6，飞机以多旋翼模式（QRTL飞行模式）返航时到达home点后下降至最后着陆阶段时暂时悬停的高度；

Q_LAND_SPEED=50，飞机以多旋翼模式（QRTL飞行模式）返航时到达home点后下降至最后着陆阶段时的缓慢着陆速率；

Q_RTL_MODE=1，启用混合模式返航；

ARMING_CHECK=1，解锁油门时，飞行控制器就会执行系统健康检查；

COMPASS_AUTODEC=1，自动获得磁偏角；

COMPASS_EXTERNAL=1，罗盘安装方式为外部安装；

FS_GCS_ENABL=0，地面站失控保护开关。0=禁用，1=启用，默认进入RTL模式。如果在电动飞机上启用这个选项，那么在任何地面测试中，都需要使用单独的电机启动开关或拆卸螺旋桨。

10. 步骤10：设置飞行模式

点击"必要硬件"→"飞行模式"菜单，进入飞行模式配置界面，按图1-6-58所示设置自稳（QSTABILIZE）、手动（Manual）、定高（QHOVER）和留待（QLOITER）飞行模式。

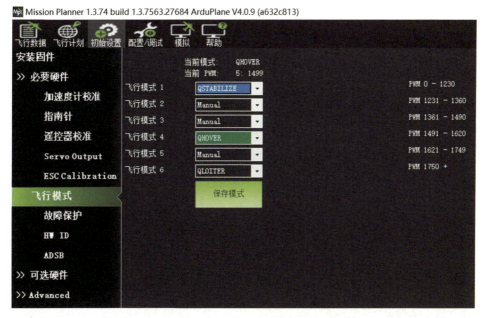

图1-6-58　飞行模式设置

11. 步骤11：设置故障保护

点击"必要硬件"→"故障保护"菜单，按图1-6-59所示进行设置。在界面右侧，设置电池电压，当电池电量接近不足时触发返航，电台故障勾选"油门故障保护"。

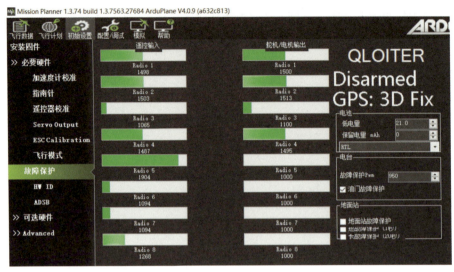

图1-6-59 设置故障保护

12. 步骤12：调整舵机

点击"必要硬件"→"Servo Output"菜单，按图1-6-60所示进行设置。其中：

Min表示舵机的最小行程量；

Trim表示舵机的中位值；

Max表示舵机的最大行程量。

Reverse 不选为正常，勾选为反向。

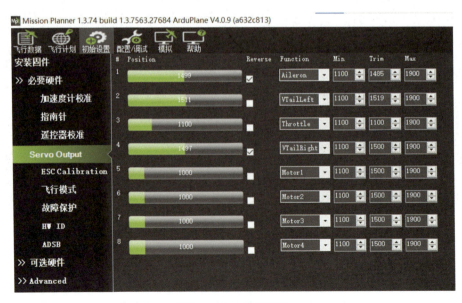

图1-6-60 调整舵机

（1）遥控器摇杆在中立位，观察舵面是否在同一水平面，若不在同一水平面，则调整对应舵机的中位值。

（2）将遥控器摇杆打至最大行程处，查看同类舵面是否平齐，若不平齐，则调整对应舵机最大、最小行程量。

（3）将飞行模式切换为自稳模式，将机头上抬，观察V尾是否下摆，如果动作错误，则勾选"Reverse"，舵机反向；通过改变无人机姿态，观察其他舵面动作方向是否正确，若错误，则在界面中进行设置。

13. 步骤13：设置空速计

点击"可选硬件"→"空速"菜单，勾选"使用空速"，Pin口选择"PX4/Pixhawk EagleTree or MEAS I2C"，空速管类型选择"I2C-MS4525D0"，如图1-6-61所示。切换至MP"飞行数据"界面，观察HUD上的空速值是否在0～5 m/s之间跳动，若是，则空速管设置完成，若空速值一直为0，则需检查空速管连接情况、Pin口以及类型选择。

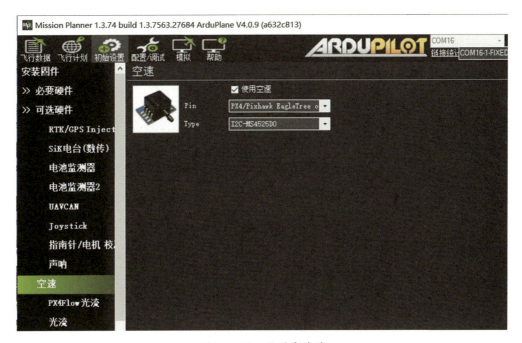

图1-6-61　设置空速计

14. 步骤14：调试整理

整理场地工位，为下一阶段的带桨测试做好准备。

（四）带桨测试（整机测试）

整机测试，按照飞行试验大纲，2名人员合作完成，主要进行以下测试：

1. 飞行模式测试

（1）四旋翼起飞测试；

（2）四旋翼模式飞行测试；

（3）四旋翼着陆测试；

（4）固定翼模式飞行测试；

（5）四旋翼飞行模式与固定翼飞行模式转换测试。

2. 飞行性能测试

（1）起飞全重测试；

（2）飞行高度测试；

（3）航时测试；

（4）通信距离测试；

（5）适航特性测试等。

飞行试验过程中，应按照飞行试验大纲的要求，填写试验数据，试验结束后，进行测试结果数据分析，最后编制测试报告。

三、评价反馈

采用过程性评价和终结性评价相结合的方式。

过程性评价主要对小组成员在任务前、任务中、任务后的表现过程进行综合性评价，过程性评价采用自我评价、组内评价和教师综合评价相结合的方式，过程性评价表详见附录2。

终结性评价主要对各小组的完成结果进行考核、测试和评价，终结性评价由老师组织各小组质检员组成质检小组，对各小组的完成结果进行评价打分。本任务的终结性评价如表1-6-13所示。

表1-6-13 项目一任务六终结性评价表

序号	评价大项	评价小项	评价明细	评分标准/分	得分/分
1	选型（20分）	清单是否完整、合理、性价比高	垂直起降固定翼无人机零部件选型清单	0 ~ 12	
			垂直起降固定翼无人机装调工具清单	0 ~ 3	
			垂直起降固定翼无人机装调材料清单	0 ~ 3	
			垂直起降固定翼无人机装调软件清单	0 ~ 2	
2	组装（30分）	组装完成度	是否完成组装（以电机是否能解锁作为依据）	0 ~ 14	
		机械组装工艺	连接是否稳固	0 ~ 2	
			安装位置是否正确	0 ~ 2	
			是否存在螺钉或其他零件安装遗漏	0 ~ 2	
		电气安装工艺	是否存在短路	0 ~ 2	
			是否存在开路	0 ~ 2	
			是否存在插接错误	0 ~ 2	
			是否存在插接遗漏	0 ~ 2	
			是否存在线路整理缺陷	0 ~ 2	
3	调试（20分）	调试完成度	是否能正常起飞（以是否能悬停10 s以上作为依据）	0 ~ 5	
		重心	重心是否在设计位置	0 ~ 4	
		遥控	是否设置正确，操控反馈正常	0 ~ 4	
		舵量	舵量是否合适	0 ~ 4	
		飞行模式	是否能正常切换飞行模式	0 ~ 3	
4	测试（25分）	零部件	是否满足组装要求	0 ~ 5	
		起飞全重	是否满足起飞质量大于7 kg	0 ~ 5	
		飞行高度	是否达到约300 m的设计要求	0 ~ 5	
		航时	是否满足航时大于40 min	0 ~ 5	
		飞行模式	是否能在不同模式下飞行，且模式能正常切换	0 ~ 5	
5	9S管理（5分）	—	是否存在卫生打扫、回收、摆放等方面的问题	0 ~ 5	
	合计			0 ~ 100	

— □ ✕

任务考核

　　某公司因业务需要，需要选型装调一批教学用垂直起降固定翼无人机，以满足日常教学和训练需求。根据日常教学和训练实际需求，垂直起降固定翼无人机须满足：

① 飞行模式：能在手动模式、自稳模式、留待模式、定高模式和自动模式间自由切换；

② 教练/学员模式：能进行主控、副控自由切换；

③ 保护功能：能进行失控保护、低电压报警、电子围栏保护；

④ 适用于教学的垂直起降固定翼无人机，翼展在1.5 m以内；

⑤ 动力系统为电动；

⑥ 起飞全重约3 kg；

⑦ 航时约20 min；

⑧ 具备较高的稳定性、安全性；

⑨ 该设备的整机如图1-6-62所示；

图1-6-62　教学用垂直起降固定翼无人机整机

⑩ 该设备的零部件清单如表1-6-14所示。

表1-6-14　教学用垂直起降固定翼无人机零部件清单

系统	硬件	型号	数量	单位
机体	机身	1350 mm翼展	1	套
	机架	KH306-1100 mm	1	套
	尾翼	V尾	1	套
动力系统（固定翼）	电机	3520 KV780	1	个
	电调	60 A	1	个
	电池	6S 8000 mAh	1	块
	螺旋桨	13 mm×7 mm	1	个
	舵机	ES08MA Ⅱ	4	个
动力系统（四旋翼）	电机	X411S KV340	4	个
	电调	Xrotor pro-60 A	4	个
	电池	6S 8000 mAh	2	块
	螺旋桨	13 mm×5 mm正反桨	2	对
飞行控制与导航系统	飞控	雷迅X7	1	个
	GPS模块	NEO V2	1	个
通信系统	遥控器	JUMPER T18（五合一）	1	个
	接收机	2.4 GHz	1	个
	数传	雷迅P9 Radio	1	套

请根据以上要求，完成教学用垂直起降固定翼无人机的配置选型、组装、调试和测试，使最终产品能满足以上要求。

任务实施关键信息二维码如图1-6-63所示。

图1-6-63　任务实施关键
信息二维码

项目二
无人机操控

（ 新 职 业 ： 无 人 机 驾 驶 员 ）

项目导入

2019年4月，人力资源和社会保障部、国家市场监督管理总局和国家统计局联合发布了13个新职业，这是自2015年版《中华人民共和国职业分类大典》颁布以来发布的首批新职业。其中包含职业编码为"4-99-00-00"的职业——无人机驾驶员。

该职业是通过远程控制设备，操控无人机完成既定飞行任务的工作。

本项目与新职业"无人机驾驶员"对标，将新职业的职业功能、工作内容、技能要求、相关知识要求等融入项目各任务中。

综合考虑无人机操控的学习过程及难易程度，本项目划分为如下任务：

任务一　无人机操控基础

任务二　旋翼类无人机视距内操控

任务三　固定翼类无人机视距内操控

任务四　无人机超视距操控

以上四个任务，任务一是任务二至任务四的基础，任务二至任务四分别代表了3种典型的操控类型，且难度和深度逐层递增。

希望通过本项目各任务的学习，读者能独立使用远程控制设备，如遥控器、地面站等，操控无人机完成既定的飞行任务，初步达到新职业"无人机驾驶员"中级工或高级工的职业技能水平，并能为技师和高级技师打下一定基础。

 **无人机操控基础**

学习目标

① 能熟记固定翼无人机、多旋翼无人机、直升机的飞行原理。

② 能熟记并遵守无人机飞行安全规程。

③ 能熟练使用常见的模拟飞行软件，完成飞行基本功的训练。

任务描述

某培训机构因业务需求，需要对一批学员开展无人机驾驶员执照考试的基本功培训。根据中国民用航空局颁布的《民用无人机驾驶员管理规定》，考取无人机驾驶员执照，应通过航空知识方面的理论考试和实践考试，本次培训内容如下：

（1）无人机飞行原理。

（2）飞行安全。

（3）模拟飞行软件。

希望通过本培训的学习，学员能完成本任务的学习目标。

 ### 学习储备

一、固定翼无人机飞行原理

（一）基本定理

1. 连续性定理

质量守恒定律是自然界基本的定律之一，它说明物质既不会自行消失，也不会凭空增加。连续性定理是质量守恒定律在流体流动上的应用，当流体低速定常流动

时，流速与流管的截面面积成反比，即在截面面积大的地方流速低，在截面面积小的地方流速高。

2. 伯努利定理

能量守恒定律是自然界另一个基本定律，它说明能量不会自行消失，也不会凭空产生。伯努利定理是能量守恒定律在空气动力学中的具体应用，伯努利方程如下：

$$P_1 + \frac{1}{2}\rho v_1^2 = P_2 + \frac{1}{2}\rho v_2^2 = P_0$$

式中：P_1，P_2代表静压；$\frac{1}{2}\rho v^2$代表动压；P_0代表总压，它是动压与静压之和。

由连续性定理和伯努利定理联合分析可知，不可压缩的理想流体在变截面管道中流动，且不与外界发生能量交换时，流体流过的截面面积小的地方，流速就大，动压大，静压小；流过的截面面积大的地方，流速就小，动压小，静压大。

（二）升力与阻力

1. 升力

（1）升力的产生。

翼弦与相对气流速度之间的夹角叫迎角，假设翼型有一个不大的迎角，当气流流到翼型的前缘时，气流分上下两股，分别流经翼型的上下翼面。根据连续性定理和伯努利定理可知，翼型上表面压强减小，翼型下表面压强增大，形成了压强差，进而形成了总空气动力，总空气动力可分解成两个分力，即升力和阻力，如图2-1-1所示。

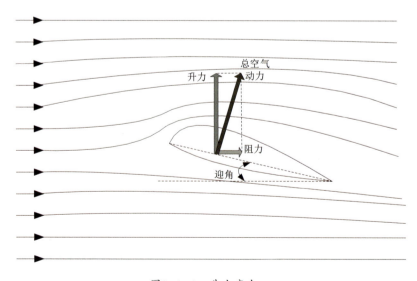

图2-1-1　升力产生

（2）升力公式。

经过理论和实验证明，升力公式如下：

$$Y = \frac{1}{2}C_y \rho v^2 S$$

式中：Y为升力（N），C_y为升力系数，ρ为空气密度（kg/m³），v为相对气流速度（m/s），S为机翼面积（m²）。

由升力公式可知，升力与机翼面积、相对气流速度、空气密度及升力系数有关，而升力系数又与迎角和翼型有关。

（3）失速。

当迎角增大到一定程度时，升力会突然下降，而阻力却迅速增大，这种现象称为失速。失速出现瞬间的迎角称为"临界迎角"。

2. 阻力

低速飞行时，阻力按其产生的原因不同，可分为摩擦阻力、压差阻力、诱导阻力和干扰阻力。

（1）摩擦阻力。

摩擦阻力是由于大气的黏性而产生的。摩擦阻力取决于空气的黏性、无人机表面的状况、附面层中气流的流动情况和同气流接触的无人机表面积。

（2）压差阻力。

压差阻力是由运动着的物体前后所形成的压强差产生的。研究发现，压差阻力与物体的迎风面积、形状以及在气流中的位置有关。

（3）诱导阻力。

诱导阻力是伴随着升力而产生的，如果没有升力，诱导阻力为零。因此，这个由升力诱导而产生的阻力叫作诱导阻力，又叫作升致阻力。

（4）干扰阻力。

干扰阻力是无人机各部分之间因气流相互干扰而产生的一种额外阻力。干扰阻力主要产生在机身和机翼、机身和尾翼、机翼和发动机短舱、机翼和副油箱之间。

（5）阻力公式。

经过理论和实验研究，可得出阻力公式如下：

$$X = \frac{1}{2}C_x \rho v^2 S$$

式中：X为阻力（N），C_x为阻力系数，ρ为空气密度（kg/m³），v为相对气流速度（m/s），S为机翼面积（m²）。

由阻力公式可知，阻力与机翼面积、相对气流速度、空气密度及阻力系数有关，而阻力系数又与迎角和翼型有关。

（三）平衡与操纵性

1. 平衡

无人机在飞行时，所有作用于无人机上的外力均为零，且外力对重心所产生的力矩之和也为零的状态，称为平衡状态，等速直线运动是固定翼无人机的一种平衡状态。

无人机与机载设备因地球吸引而受到的力称为重力，而重力的作用点就是无人机的重心。

以机体重心为坐标原点，过重心有三个轴，建立坐标系如图2-1-2所示。

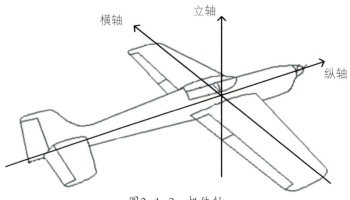

图2-1-2　机体轴

纵轴，沿机身轴线，箭头指向机头方向，绕纵轴的转动叫滚转或横滚运动。

立轴，在无人机对称面内，与纵轴垂直指向上方的直线，绕立轴的转动叫偏转或偏航运动。

横轴，通过重心并与对称面垂直，箭头指向机翼，绕横轴的转动叫俯仰运动。

2. 操纵性

固定翼无人机的操纵性是指无人机驾驶员通过操纵遥控器来改变固定翼无人机上的操纵舵面（升降舵、方向舵和副翼），来改变无人机飞行状态的能力。

纵向操纵性是指操纵升降舵，无人机绕横轴转动产生俯仰运动。通过操纵升降舵向上偏转，产生抬头力矩，无人机抬头；同理，通过操纵升降舵向下偏转，产生低头力矩，无人机低头。

横向操纵性是指在飞行过程中，操纵副翼，无人机绕纵轴滚转或改变其滚转角速度和倾斜角等飞行状态的特性。向左压副翼杆，左副翼向上偏转，右副翼向下偏转，产生左滚力矩，无人机向左倾斜；同理，向右压副翼杆，产生右滚力矩，无人机便向右倾斜。

航向操纵性是指操纵偏转方向舵后，无人机绕立轴转动而改变其侧滑角等飞行状态的特性。航向操纵主要通过方向舵实现，操纵方向舵向左，产生向左偏的航向操纵力矩，无人机向左偏航；同理，操纵方向舵向右，产生向右偏的航向操纵力矩，无人机向右偏航。

二、多旋翼无人机飞行原理

多旋翼无人机的操纵是通过调节各电机的转速来改变螺旋桨的转速，实现对升力和力矩的调节，从而实现对飞行姿态的控制。本书以X型四旋翼无人机为例，介绍其飞行的原理，其余布局类型的多旋翼无人机操纵方法与之相比略有差异，但是基本原则是相同的。

X型四旋翼无人机是通过电子调速器对4个顶点的电动机进行转速的调节，通过螺旋桨旋转，从而为无人机提供升力F_1、F_2、F_3、F_4，因为力的作用是相互的，电机朝一个方向旋转时会对机体施加一个反向的作用力。因此，在X型四旋翼无人机中，采用对角电机同向转动、相邻电机反向转动的排列方式，以抵消反转矩，如图2-1-3所示，4个电机的反转矩彼此抵消。

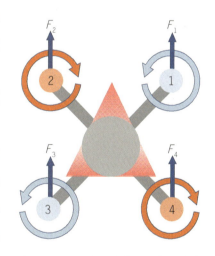

图2-1-3　X型四旋翼无人机的电机转向示意图

（一）升降运动

升降运动是指无人机克服自身重力进行上升和下降的运动。当4个螺旋桨由电机带动旋转，产生向上的升力为F_1、F_2、F_3、F_4，这4个升力的大小相同，因此，产生的总升力为：$F=F_1+F_2+F_3+F_4$。

假设无人机的重力为G，当$F>G$时，无人机垂直上升；当$F=G$时，无人机悬停；当$F<G$时，无人机垂直下降。

（二）俯仰运动

俯仰运动是指无人机绕飞机机身（一般也是飞控的箭头所指方向）X轴转动，从而实现向前飞行，如图2-1-4中机身红色箭头方向所示。

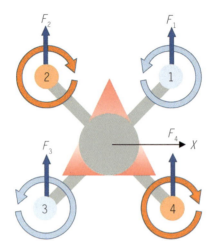

图2-1-4 X型四旋翼无人机的俯仰运动示意图

当无人机做俯仰运动时，通过改变电机的转速，使得升力F_1、F_2、F_3、F_4变化，前方的2个电机转速同时变化并保持相等，后方的2个电机转速同时变化并保持相等，但是升力在垂直方向上的合力仍然与重力G相等，即

$$F_1=F_2；F_3=F_4$$

$$(F_1+F_2+F_3+F_4)\cos\theta=G（\theta为机身俯仰偏转角）$$

当$F_3+F_4>F_1+F_2$时，无人机在转矩的作用下将绕着X轴转动，无人机低头，即做俯转运动；当$F_3+F_4<F_1+F_2$时，无人机抬头，即做仰转运动。

（三）横滚运动

横滚运动是指X型四旋翼无人机能绕纵轴（Y轴）转动，横滚运动的控制方法与俯仰运动相似，X型四旋翼无人机的横滚运动示意图如图2-1-5所示。

无人机处于悬停的状态下，要做横滚运动，通过改变电动机的转速，使得升力F_1、F_2、

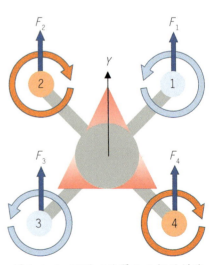

图2-1-5 X型四旋翼无人机的横滚运动示意图

F_3、F_4变化，不再保持相等，而在同一侧的2个电机转速同时变化并保持相等，但是合力在垂直方向上的分量仍然与重力相等，即

$$F_1=F_4；F_2=F_3$$
$$（F_1+F_2+F_3+F_4）\cos\theta=G（\theta为机身横滚偏转角）$$

当$F_2+F_3>F_1+F_4$时，无人机在转矩的作用下将绕着纵轴（Y轴）做右横滚运动；当$F_2+F_3<F_1+F_4$时，无人机在转矩的作用下将绕着纵轴（Y轴）做左横滚运动。

（四）偏航运动

偏航运动是指无人机绕着机体坐标系Z轴的自旋运动，X型四旋翼无人机的偏航运动示意图如图2-1-6所示。

电机1、3逆时针转动，电机2、4顺时针转动，对角的2个电机转速同时变化并保持相等，但2个对角各自转速不同，但是升力的合力仍然与重力相等，即

$$T_1=T_3；T_2=T_4$$
$$T_1+T_2+T_3+T_4=G$$

当$T_1+T_3>T_2+T_4$时，无人机逆时针转矩大于顺时针转矩，无人机将发生逆时针旋转偏航运动；当$T_1+T_3<T_2+T_4$时，无人机将发生顺时针旋转偏航运动。

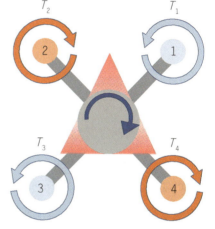

图2-1-6　X型四旋翼无人机的偏航运动示意图

三、直升机飞行原理

（一）升力

旋翼，是直升机产生空气动力的主要部件，旋翼既起到了固定翼无人机机翼的作用，又起到了螺旋桨的作用。直升机旋翼升力的产生，与固定翼机翼的升力原理和螺旋桨原理相似。直升机在无风条件下做垂直升降或悬停运动，都可以认为旋翼处于垂直飞行状态，也称轴流状态，如图2-1-7所示。单旋翼直升机的旋翼旋转产生升力，并对机身产生反扭矩，通常会采用增加尾桨的方法，以尾桨旋转产生推力来抵消反扭矩。

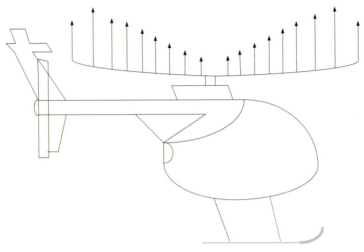

图2-1-7　轴流状态下主旋翼的拉力

（二）旋翼运动

直升机主旋翼的铰链结构主要有变距铰、摆振铰、挥舞铰这三大铰链，如图2-1-8所示。其他旋翼形式中虽然没有这三大铰链，但是一般通过其桨叶根部的柔性元件来实现三大铰链的作用。

在安装有挥舞铰的直升机前飞过程中，在桨叶相对气流不对称的情况下，挥舞速度变化也会引起桨叶迎角变化，桨叶相对气流不对称性和桨叶迎角不对称性促使其在各个方位的拉力大致保持不变。所以，旋翼装有挥舞铰后，不仅消除了横侧不平衡力矩，就连拉力的不对称也基本消除了。由于桨叶的挥舞运动是周期性变化的，桨叶加速或减速旋转时，受到的科氏力大小和方向也发生周期性变化，这对桨

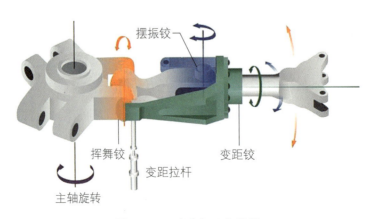

图2-1-8　直升机三大铰链

叶的强度极为不利。同时桨叶旋转时也会产生惯性离心力，且惯性离心力作用在桨根部位，结构有可能因材料疲劳而被破坏，采用摆振铰可以使桨叶受到科氏力作用后，在旋转平面内绕摆振铰前后摆动，以消除桨根受到的科氏力矩的影响。

桨叶绕变距铰转动来改变安装角或桨叶角，称为桨叶变距，桨叶变距主要是通过改变桨距，来改变桨叶与相对气流的迎角，从而实现升力的改变。

（三）操纵性

直升机的操纵系统是指传递操纵指令、进行总距操纵、变距操纵和航向操纵的操纵机构和操纵线路。通过总距操纵来实现直升机的升降运动，通过变距操纵来实现直升机的前后左右运动，通过航向操纵来改变直升机的飞行方向。

1. 总距操纵

总距操纵，是通过操纵自动倾斜器调节变距铰，使各片桨叶的安装角同时增大或减小，进而使主旋翼的总桨距改变，从而改变旋翼拉力 F 的大小，如图2-1-9所示。当拉力 F 大于直升机重力 G 时，直升机就上升；反之，直升机下降。进行总距操纵时，旋翼的需用功率也随之改变，因此，必须相应地改变发动机的油门，使发

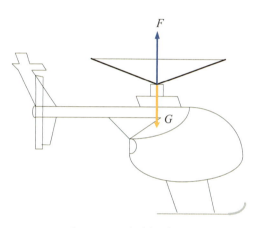

图2-1-9 直升机总距操纵

动机的输出功率与旋翼的需用功率相匹配，以保持旋翼速度不变，同时，还需要配合尾桨转速的变化，以抵消主旋翼产生的反扭矩。

2. 变距操纵

变距操纵是通过操纵自动倾斜器调节变距铰，使桨叶的桨距周期性地改变，即旋翼每片桨叶的桨距在每一转动周期，先增大到某一数值然后下降到最小数值，周而复始，从而使桨叶升力发生周期性变化，并由此引起桨叶周期性挥舞，最终导致旋翼锥体相对于机体向着操控者控制的方向倾斜。由于升力基本上垂直于桨盘平面，所以拉力 F 也向运动方向倾斜，从而实现俯仰运动及横滚运动，如图2-1-10所示。

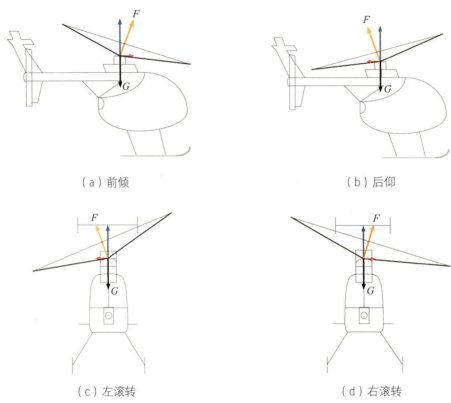

（a）前倾　　　　　　　　　　　　　（b）后仰

（c）左滚转　　　　　　　　　　　　（d）右滚转

图2-1-10　变距操纵示意图

3. 航向操纵

航向操纵可以通过改变尾桨的推力（或拉力）的大小来实现，如图2-1-11所示。当直升机要沿与扭矩相反的方向偏航时，需要减小尾桨力而只靠反作用力矩使直升机转向；当直升机要沿与扭矩相同的方向偏航时，则需要尾桨产生更大的反作用力来抵消它。

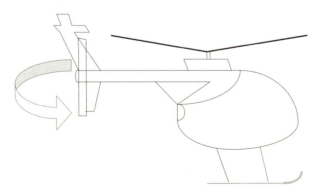

图2-1-11　航向操纵示意图

任务实施

一、飞行安全

（一）遥控器的握持手法训练

遥控器的标准握持手法应该是大拇指的指肚按压在操纵杆上方，食指靠在操纵杆的侧方，起到辅助和稳定的作用，拇指和食指共同配合来拨动操纵杆。其他手指按照需要承托和固定遥控器，或者置于其他开关上，如图2-1-12所示。同时，驾驶员应该面向无人机站立，双脚与肩同宽，手臂自然下垂，握持遥控器靠在腹部上肚脐眼附近的位置。遥控器的天线方向垂直于遥控器和无人机的连线方向。

图2-1-12　遥控器的握持手法

在飞行过程中，遥控器的操纵打杆一定要轻柔，以拇指按压操纵杆的顶部，食指辅助稳定微调，两指配合以轻微蠕动的方式操纵摇杆，以小舵量、轻力度、多频次的方式来进行修正，保证无人机飞行姿态调整的及时性和飞行状态的平稳性。操纵过程中要身心放松，动作果断，既要避免过度紧张造成的操作失误，也要避免过度谨慎导致的打杆幅度过小，无法达到预期的控制效果。

（二）无人机飞行安全注意事项

1. 飞行前安全检查

在飞行前必须按照以下步骤进行检查。

（1）环境检查：预先查询当地限飞区域和飞行管理规定，选择空旷飞行训练场，观察周围环境，远离建筑物、基站、高压电塔等，确保飞行区域内没有树木、电线杆、楼房等障碍物。雨雪及大风天气请勿飞行，以免发生意外。

（2）螺旋桨检查：检查螺旋桨表面是否光洁，无裂痕。

（3）电池电量检查：安装电池前，先确保所选电池的电量充足，需要用专用电池电量测试仪检测电池总电压，且每片电芯电压差不超过0.2 V。

（4）安装电池：电池必须安装牢固，因为在飞行过程中电池滑动脱落将造成严重的后果。用魔术扎带将电池捆绑牢固，最后用手轻推电池检查是否会滑动。

（5）地磁和传感器检查：检查无人机的磁罗盘、GPS、加速度计等传感器是否能正常工作，如有图传画面或地面站，则应确保信号传输稳定，无干扰和卡顿。

（6）电机转向检查：电机解锁后，轻推油门让电机怠速，桨叶开始旋转，检查电机旋转方向是否正常，电机有无卡顿或异响等情况。

2. 飞行中安全注意事项

（1）起飞后，建议无人机悬停30 s观察飞行稳定性，确定无异常情况再继续飞行。

（2）在飞行过程中必须时刻关注无人机的飞行状态，实时掌握无人机的飞行数据，确保飞行时无人机各项数据指标正常。

（3）作业时若有客户或围观群众，必须要求他们处在距离无人机15 m以外的区域。

（4）若进行超视距飞行，必须密切监视地面站中无人机姿态、高度、速度、电池电压、GPS卫星数量等重要信息。

（5）必须确保无人机有足够的电量能够安全返航。

（6）若无人机发生较大故障不可避免地发生坠机时，要首先确保人员安全，再进行紧急迫降。

3. 降落后安全检查

（1）无人机飞行任务结束降落后，必须确保遥控器已加锁，然后切断无人机电源。

（2）飞行完成后检查电池电量、机身、桨叶、脚架、电源及信号连接线以及机载设备。

（3）收纳整理无人机、电池、遥控器及各种相关设备。

二、模拟飞行软件

（一）凤凰模拟器

凤凰模拟器PhoenixRC是一款适用于航模新手的飞行模拟器，在无人机初学者中广受欢迎。凤凰模拟器具有全中文界面，飞行效果逼真，可模拟四旋翼无人机、直升机、固定翼等，如图2-1-13所示。凤凰模拟器PhoenixRC需配合遥控器和加密狗使用，也可使用专门的模拟器遥控器。凤凰模拟器的软件安装比较简单，操作也比较简单，还可以连接网络。凤凰模拟器支持遥控器单通道、多通道练习，同时也可以选择特定飞行训练模式及飞行场地，配合各种仪表的飞行信息提示，是一款十分强大的飞行模拟软件。所以推荐新手从凤凰模拟器学起，练好基本功。凤凰模拟器也被众多考试考证培训机构选为无人机上手练习的模拟飞行软件，应用广泛。

图2-1-13　凤凰模拟器界面

（二）REFLEX XTR模拟器

REFLEX XTR模拟器是专门为新手提供的一款模拟器，具有环境仿真程度高、相关设置简单、安装过程方便、可更改参数多等特点，自带精选的26个飞行场景、一百多架各厂家的直升机、一百多架各厂家的固定翼、五十多部飞行录像，还支持特技飞行。相比别的飞行模拟软件，该模拟器拥有更多的无人直升机模拟飞行、更多的飞机可调参数，有更加真实的飞行手感，支持虚拟航线显示，方便进行直升机的航线飞行练习，如图2-1-14所示。REFLE XTR模拟器安装好后不但拥有众多的机种，而且可以设计一款只属于自己的特殊机种，还可以设定翼展、翼弦、翼型、发动机动力、桨的尺寸、涂装等，具有较大的自主性。此外，还可以设置环境因素变量，比如风速、风突变的百分比等，使模拟环境更加真实，如图2-1-15所示。

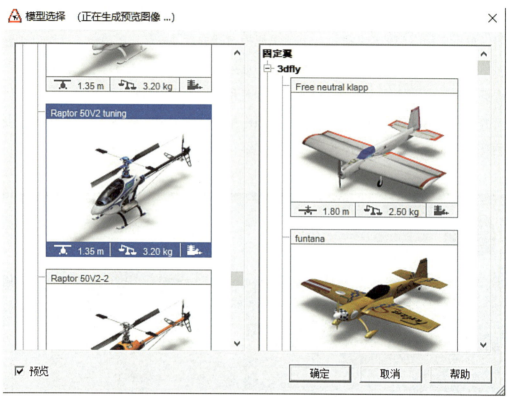

图2-1-14 REFLEX XTR模拟器模型选择

图2-1-15 REFLE XTR模拟器直升机飞行界面

（三）RealFlight模拟器

RealFlight模拟器是目前拟真度较高的一款模拟飞行软件，该软件可全方位还原真实的飞行驾驶情况，画面真实，即时运算的3D场景，从机体排烟的浓淡到天空云彩的颜色均可自行定义，飞行模组及对风的特性拟真度极高，同时拥有全新的飞行训练功能，如图2-1-16所示。

图2-1-16　RealFlight模拟飞行界面

（四）大疆飞行模拟

大疆飞行模拟（DJI Flight Simulator）是一款面向企业用户的无人机仿真培训软件。该软件核心的仿真功能基于DJI飞控技术，对飞行器模型以及场景进行仿真，带给用户自然真实的飞行控制体验，为企业用户提供从基础知识教学到仿真训练以及作业场景练习的完整培训解决方案。该软件仅支持大疆品牌的无人机模拟飞行，包括御Mavic系列、精灵 Phantom 系列、悟Inspire 系列、经纬 M200 系列、T16植保无人机等，如图2-1-17所示。目前该软件主要面向企业用户，对普通用户开放了体验功能，但受限较多，普通用户只能体验有限的功能和场景，使用范围有限。该软件支持多个飞行场景，如城市、海岛、训练场、公路竞速、隧道穿越，也有多种训练模式，如教学、悬停考核、航线考核、慧飞电力巡检考核流程、DJI内部飞行技能考核等，如图2-1-18所示。专业版的还提供了电力巡检、搜索救援等应用训练模块。

图2-1-17　大疆飞行模拟机型选择界面

图2-1-18　大疆飞行模拟模式选择界面

任务考核

　　某培训机构对一批学员开展无人机驾驶员执照考试基本功培训，培训内容主要包括无人机飞行原理、飞行安全和模拟飞行软件等，培训结束后需要对培训内容的效果进行考核演练，内容如下：

① 固定翼无人机、多旋翼无人机、直升机飞行原理的叙述；

② 无人机飞行遥控器握持手法的操作演示；

③ 无人机飞行安全注意事项的叙述；

④ 无人机模拟飞行软件的使用训练。

 旋翼类无人机视距内操控

学习目标

① 能根据中国民用航空局民用无人机驾驶员执照实践考试要求，完成旋翼类无人机的基本起降、悬停、360°自旋等操控。

② 能根据中国民用航空局民用无人机驾驶员执照实践考试要求，完成旋翼类无人机视距内驾驶员航线飞行操控。

任务描述

某校学生参加多旋翼无人机视距内驾驶员执照考试，根据中国民用航空局民用无人机驾驶员执照实践考试多旋翼无人机视距内驾驶员实践考试模块的要求，应能使用Ⅲ级多旋翼无人机（4 kg＜空机质量≤15 kg、7 kg＜起飞全重≤25 kg），可使用导航辅助模式（飞控内、外回路均参与控制），按图2-2-1完成实践考核飞行任务：

科目a：定点悬停；

科目b：慢速水平360°自旋；

科目c：左右两圆直径6 m，水平8字飞行；

科目d：定点降落。

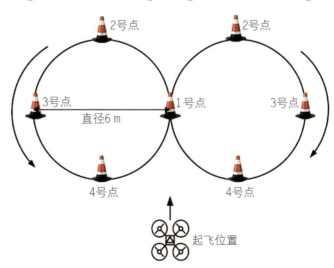

图2-2-1 多旋翼无人机视距内驾驶员实践考试飞行示意图

旋翼类无人机的飞行训练分为基本飞行训练和综合飞行训练。其中，基本飞行训练包括起飞/升高训练、降落/降低训练、定高移动训练和方向控制训练等；综合训练包括八方位悬停训练，360°自旋悬停训练和水平8字飞行训练等。

一、多旋翼无人机基本飞行训练

多旋翼无人机因具有飞行操控方法简单、入门容易等特点，是目前商业级无人机中最为普遍的一种机型。多旋翼无人机的操控主要由遥控器的左右两个摇杆来完成，每个摇杆均有上、下、左、右4个运动方向，分别控制不同的飞行动作。

（一）起飞训练

起飞训练首先应找准无人机机头和机尾的位置，一般情况下机头或机尾在无人机机身上会有标记，如桨叶的颜色或尾灯位置。将无人机机尾位置对准操控者，保持机头方向与人站立方向一致；人与无人机保持适当的安全距离，解锁飞控，缓慢推动油门，观察无人机起飞状态。注意推动油门的动作一定要缓慢，防止油门过大而无法控制无人机；刚离地时，无人机可能会往某个方向偏移，此时要控制相应的摇杆来调整无人机的姿态，保证人员和设备的安全；无人机到达一定高度后开始降低油门，并不断调整油门大小，使无人机在一定高度徘徊，并尽量保持姿态稳定。无人机起飞训练如图2-2-2所示，其步骤如下：

图2-2-2　无人机起飞训练

（1）保持机尾对准操控者，将飞行模式切换到自稳模式。

（2）根据设置的解锁方式将无人机解锁，如将遥控器左摇杆推到右下角位置，大约2 s之后，无人机会发出解锁提示音或进入怠速状态，说明解锁成功，将摇杆归位，油门置于最低位。

（3）缓慢推动油门，观察无人机的上升状态。

（4）待无人机飞到3 m高位置时保持油门中位，此时无人机处于悬停状态，完成起飞。

（二）降落训练

降落训练要注意操控顺序。首先降低油门，使无人机缓慢地下降直至接近地面，离地面约10 cm时稍稍推动油门，降低下降速度，然后油门降低至无人机触地（触地后不得推动油门），锁定飞控（上锁的方式与解锁的方式相反）。相对于起飞，降落难度更大，需要反复练习。无人机降落训练如图2-2-3所示，其步骤如下：

图2-2-3　无人机降落训练

（1）尽量选择空旷、平坦的地面进行降落练习，保持无人机悬停。

（2）缓慢收回油门，当无人机缓慢下降时保持油门杆位不动，等待无人机降落。

（3）无人机落地后迅速把油门杆拉到底，等待电动机停转，锁定飞控，完成降落。

（4）在起飞和降落的操控中，还需要注意保证无人机的稳定，无人机的摆动幅度不可过大，否则有打坏螺旋桨的可能。

（三）定高移动训练

无人机定高移动训练，是无人机起飞并悬停稳定后，训练横滚和俯仰操作、熟悉操控灵敏度的训练。在打杆时动作要轻柔且果断，在操纵摇杆的同时，视线要对准无人机，观察遥控器操控后无人机的飞行动作反馈，完成前、后、左、右4个方向的移动训练。无人机定高移动训练如图2-2-4所示，其步骤如下：

（1）缓慢推动油门起飞，当无人机飞到约2 m高时，保持无人机处于悬停状态。

（2）操纵横滚摇杆，练习移动无人机左右运动。当向右推动横滚摇杆时，无人机向右横滚飞行；当向左推动横滚摇杆时，无人机则向左横滚飞行。

图2-2-4　无人机定高移动训练

（3）操纵俯仰摇杆，练习移动无人机前后运动。当向上推动俯仰摇杆时，无人机低头向前方飞行；当向后拉动俯仰摇杆时，无人机抬头向后方飞行。

（4）把无人机移动到起飞点上空，完成定高移动练习。

（四）方向控制训练

无人机方向控制训练，是无人机起飞悬停稳定后，训练无人机的偏航操作，在遥控器的偏航摇杆控制下，使无人机实现顺时针或逆时针的旋转运动。无人机方向控制训练如图2-2-5所示，其步骤如下：

图2-2-5 无人机方向控制训练

（1）缓慢推动油门起飞，当无人机飞到约2 m高时，保持无人机处于悬停状态。

（2）操纵偏航摇杆，练习旋转无人机的偏航运动。当向左推动偏航摇杆时，无人机沿逆时针方向偏航；当向右推动偏航摇杆时，无人机沿顺时针方向偏航。在这里需要注意，不同无人机在操纵方向舵摇杆时，转动方向可能有所不同，需根据实际情况来完成操控训练。

（3）旋转无人机，让尾灯对准操控者，结束练习。

二、无人直升机基本飞行训练

无人直升机操控灵敏度较高，难度较大，为避免操作不当造成损失，在实飞前必须在模拟器上进行大量练习，经专业教练或教师考核通过后，方可进行真机实飞。无人直升机和多旋翼无人机都属于旋翼类无人机，其操纵方法基本一致，所以无人直升机飞行训练方法和多旋翼无人机也大同小异，只是无人直升机应首先进行地面蛙跳训练。

（一）地面蛙跳训练

无人直升机的地面蛙跳训练是实飞训练的第一步，要先在起落架上安装一根横杆防止机体侧向翻倒。无人直升机蛙跳训练步骤如下：

（1）无人直升机首选对尾放置，轻推油门，机体上升，操纵俯仰摇杆，让机头向前倾斜前进。

（2）机体上升的高度不超过50 cm，当直升机前进2～3 m后，操纵俯仰摇杆停止前进，并保持机体平衡，做降落练习。

（3）重复起飞、前进、降落的操控练习，飞行轨迹呈现一上一下的蛙跳状路线，操控者一般应跟随机体前进，随着操控的熟练，飞行距离也不断增加。

（二）起飞、降落训练

无人直升机起飞、降落训练首先要求操控者确认飞行环境的安全，操控者在进行飞行训练时应站在无人直升机机尾正后方，保持安全距离，新手飞行时应将无人直升机放置于安全网内。无人直升机起飞、降落训练步骤如下：

（1）将无人直升机放置于指定起飞位置并接通电源，操控者回到安全区域，通过操控遥控器解锁无人直升机，听到提示音或者电机开始转动，表示解锁成功，将各摇杆归位，油门杆在最低位。

（2）将油门杆缓缓上推，当主旋翼转速提升时停止推油门杆，待主旋翼转速达到恒定速度时，再继续推油门，当无人直升机离开地面时，操纵摇杆使无人直升机保持稳定状态。

（3）当无人直升机飞到约2 m高时，稍减小油门，使无人直升机进入悬停状态，不断操纵摇杆使无人直升机保持姿态平稳，即起飞训练完成。

（4）无人直升机保持悬停状态，缓慢收小油门，当无人直升机进入缓慢下降状态时，保持油门杆不动，此时无人直升机缓缓下降。

（5）当无人直升机距离地面为主旋翼一半高度时，由于地面效应的出现，无人直升机停止下降，此时，应继续减小油门，使无人直升机保持下降状态。

（6）稍减小油门，使无人直升机继续下降直至触地，脚架触地瞬间，迅速将油门收至最小位置。待螺旋桨停转后，进行上锁操作，无人直升机降落训练完成。

（三）对尾悬停训练

无人直升机对尾悬停训练步骤如下：

（1）将无人直升机对尾放入安全网内，按照预先设定的规则解锁飞控。

（2）起飞应缓慢推动油门杆，使无人直升机平稳起飞，并保持悬停。

（3）保持对尾状态，无人直升机离地时由于地面摩擦或者反作用力矩，初始会有偏航，注意根据偏航的方向进行修正。

（4）待无人直升机飞到3 m高时，保持无人直升机悬停，悬停时间保持30 s以上，偏移垂直方向不超过75 cm，偏移水平方向不超过1 m。

（四）四位悬停训练

四位悬停包括对尾、对头、对左、对右共4个方位悬停，对尾悬停已介绍，其他3种悬停与之有相似之处，可以参照前面内容训练。训练步骤如下：

（1）操纵无人直升机起飞，保持稳定高度约3 m悬停，机尾时刻对准操控者，起飞过程与对尾悬停相同，悬停时间保持30 s以上。

（2）缓慢操纵偏航摇杆，无人直升机匀速缓慢绕机体中轴线沿顺时针方向旋转，当机身右侧面对准操控者时保持悬停，悬停时间保持30 s以上，偏移垂直方向不超过75 cm，偏移水平方向不超过1 m。

（3）继续缓慢操纵方向控制杆，使无人直升机匀速缓慢绕机体中轴线旋转，当机头对准操控者时保持悬停，悬停时间保持30 s以上，偏移垂直方向不超过75 cm，偏移水平方向不超过1 m。

（4）继续缓慢操纵方向控制杆，无人直升机匀速缓慢绕机体中轴线沿顺时针旋转，当机身左侧面对准操控者时保持悬停，悬停时间保持30 s以上，偏移垂直方向不超过75 cm，偏移水平方向不超过1 m。

（5）继续缓慢操纵方向控制杆，使无人直升机匀速缓慢绕机体中轴线旋转，回到对尾位置，飞行到起飞点上空，完成四位悬停训练。

三、综合飞行训练

（一）八方位悬停训练

八方位悬停是指无人机机头方向向前、后、左、右和4个45°角方向的悬停动作，八方位悬停示意图如图2-2-6所示，其训练方法参照对尾悬停训练。

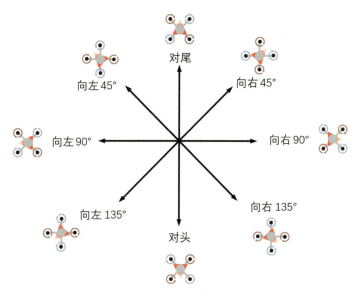

图2-2-6　八方位悬停示意图

具体步骤如下：

（1）在飞行训练场中心处放一个圆锥形参照物，如雪糕筒。

（2）操纵无人机起飞，缓慢推动油门，当无人机飞到约2 m高时，使无人机保持悬停状态。

（3）保持高度的同时操控偏航摇杆，使无人机依次按前、后、左、右和4个45°角方向对准操控者，单次只练习一个方向，依次练习。

（4）保持无人机在参照物中心点上方悬停，位置偏差不超过半个机身。

（二）360°自旋悬停训练

360°自旋悬停是指在保持无人机高度不变的前提下，操控无人机沿顺时针或逆时针方向缓慢匀速地自转。

其步骤如下：

（1）无人机起飞，缓慢推动油门，保持稳定高度约3 m悬停，机尾时刻对准操控者。

（2）缓慢操纵偏航摇杆，无人机匀速缓慢绕机体中轴线沿顺时针或逆时针方向旋转1圈或以上，旋转用时应为6～20 s，飞行期间保证旋转的角速度均匀，机体姿态平稳，尽量保持在悬停点正上方。偏移垂直方向不超过75 cm，偏移水平方向不超过1 m，完成时保证机尾对准操控者。

（三）水平8字飞行训练

水平8字飞行训练是指操纵无人机沿7个参照物做"倒8字"的航线飞行训练，训练过程中要求保持匀速，每两个点之间的航线为圆弧形，航线如图2-2-1所示。

步骤如下：

（1）无人机起飞，缓慢推动油门，操纵无人机到达与视线平齐的高度时，保持悬停状态。

（2）向前推动俯仰摇杆，无人机向前到达1号点位置，完成第一段直线飞行，进入正式水平8字航线飞行。

（3）同时推动俯仰摇杆和偏航摇杆，使无人机向左前方沿圆弧的路线飞行到2号点，随后按标识点顺序沿8字航线匀速飞行，飞行过程中尽量保持路线圆滑，左右位置偏差不超过半个机身，保持匀速飞行，不要时快时慢。

（4）操纵无人机飞回起点，结束训练。

任务实施

一、任务准备

（一）场地准备

根据任务要求，完成飞行任务训练的场地准备如下：

机房：电脑、模拟飞行软件、遥控器；

模拟飞行场地：配备现代化设备的计算机教室；

实操飞行场：面积不小于100 m×100 m，地面平整，视野开阔，周边无信号干扰、无飞行敏感区的合法空域。

（二）设备准备

根据任务要求，结合"学习储备"中的飞行训练方法，完成飞行设备的选择。填写飞行设备清单，如表2-2-1所示。

表2-2-1　飞行设备清单

设备名称	设备型号	数量	单位
遥控器	7通道	1	个
模拟器	SM600	1	个

（续表）

设备名称	设备型号	数量	单位
多旋翼模拟训练机	Blade 350-QX	1	架
多旋翼实操考证机	八旋翼（起飞全重＞7kg），轴距1080 mm	1	架
直升机模拟训练机	Blade 450X	1	架
直升机实操考证机	S40（起飞全重＞25 kg）	1	架
多旋翼电池	6S 22.2 V 12000 mAh 25 C	2	块
直升机电池	12S 44.4 V 24000 mAh 25 C	2	块
多旋翼充电器	锂电池平衡充电器，25 A 1200 W 6~8S	1	个
直升机充电器	锂电池平衡充电器，25 A 2600 W 12~14S	1	个

（三）材料准备

根据飞行设备清单，选择合适的飞行材料。填写飞行材料清单，如表2-2-2所示。

表2-2-2　飞行材料清单

材料名称	材料参数	数量	单位
多旋翼桨叶	碳纤维折叠桨，1555 mm	4	副
直升机主旋翼桨叶	碳纤维折叠桨，2400 mm	1	副
直升机尾旋翼桨叶	碳纤维折叠桨，395 mm	1	副
雪糕筒	50 cm×32 cm×32 cm	15	个

（四）物资准备

根据外场飞行实际需要，准备合适的物资。填写飞行物资清单，如表2-2-3所示。

表2-2-3　飞行物资清单

物资名称	物资型号	单位
太阳镜	常规	副
防晒帽	常规	顶
……	……	……

二、任务实施

（一）模拟器飞行训练

1. 模型选择及基本设置

（1）遥控器各通道作用及遥控方式设置如表2-2-4和图2-2-7所示。

表2-2-4　遥控器各通道作用

通道	作用
副翼通道	控制无人机向左、右横滚，以实现无人机左、右平移
油门通道	同时改变所有电机转速，控制无人机升力大小，以实现无人机上升、下降
俯仰通道	控制无人机向前、后俯仰，以实现无人机前进、后退
航向通道	控制无人机机头向左、右偏航，以实现无人机左、右转向

（a）美国手　　　　　　　　（b）日本手

图2-2-7　遥控器遥控方式设置

（2）双击桌面的模拟器图标，如果提示升级，则点击"否"，然后选择"Start PhoenixRC"，如图2-2-8所示。

（3）进入遥控器校准界面，并点击"下一步"，按界面提示操作后点击"完成"，如图2-2-9。

图2-2-8　打开凤凰模拟器软件

图2-2-9　完成遥控器校准

（4）控制通道设置。进入选择配置文件名称，选择"快速设置"，并点击"下一步"，如图2-2-10所示。

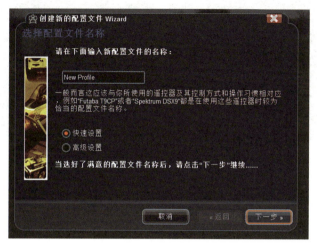

图2-2-10　控制通道设置

（5）引擎控制。按照箭头方向推动油门摇杆，完成后点击"下一步"，如图2-2-11所示。

（6）桨距控制。一般为直升机操纵使用，选择油门摇杆控制桨距，如图2-2-12所示。

图2-2-11　引擎控制

图2-2-12　桨距控制

（7）方向舵控制。按照箭头方向左右推动方向舵摇杆，完成后点击"下一步"，如图2-2-13所示。

（8）升降舵控制。按照箭头方向左右推动升降舵摇杆，完成后点击"下一步"，如图2-2-14所示。

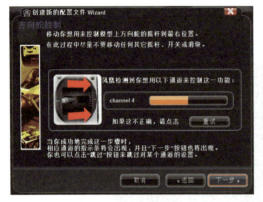

图2-2-13 方向舵控制

图2-2-14 升降舵控制

（9）副翼控制。按照箭头方向推动副翼摇杆，完成后点击"下一步"。起落架和襟翼不用设置，点击跳过（Skip），如图2-2-15所示。

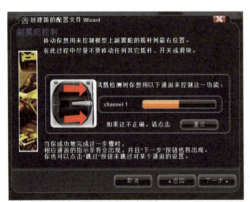

图2-2-15 副翼控制

（10）设置完毕，点击"完成"。图像质量和度量单位按默认配置即可，最后点击"完成"，如图2-2-16所示。

（11）进入开始界面，如图2-2-17所示，取消Show Start Screen at program start，并点击叉号关闭。

图2-2-16 完成设置

图2-2-17　开始界面

（12）点击"选择模型"，选择"更换模型"，按图中位置选择"Blade 350-QX"，如图2-2-18所示。

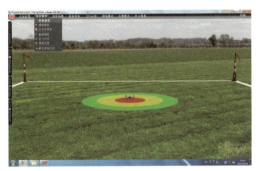

图2-2-18　模型选择

2. 起飞、降落训练

在模拟器中进行旋翼类无人机的起飞、降落练习。无人机起飞，缓慢推动油门，操纵无人机到达合适高度，保持悬停状态。降落时缓慢拉低油门，当无人机缓慢下降时保持油门杆位不动，等待无人机降落；无人机落地后迅速把油门杆拉到底，等待电动机停转，完成降落。

3. 四位悬停训练

（1）起飞后，保持稳定高度在3 m左右悬停，机尾时刻对准操控者，悬停时间保持30 s以上。

（2）缓慢操纵偏航摇杆，完成对尾、对左、对右、对头悬停，悬停时间保持30 s以上，偏移垂直方向不超过75 cm，偏移水平方向不超过1 m。

（3）无人机保持对尾的状态，然后回到起飞点上空，完成四位悬停控制。

4. 360°自旋悬停训练

（1）当模拟器处于合适高度时，进行360°的偏航旋转，在自旋过程中注意保持匀速且速度不宜过快，要控制转完一周的时间大于6 s，且旋转过程连续不停顿。

（2）飞行中注意油门、偏航和升降舵的控制舵量，要控制所有方向的位置偏差不超过半个机身，训练时需根据实际情况来完成操控训练。

5. 水平8字飞行训练

无人机起飞，缓慢推动油门至50%左右，操纵无人机到达与视线平齐的高度时，使其处于悬停状态。缓慢向前打俯仰摇杆，操纵无人机向左前方沿箭头指示走圆弧的路线，飞行过程中尽量保持路线圆滑，左右位置偏差不超过半个机身，同时保持匀速飞行，不要时快时慢，然后依次沿着箭头飞左侧圆圈，再沿着箭头飞右侧圆圈，最后操纵无人机飞回起点，LED灯对准操控者，结束训练，如图2-2-19所示。

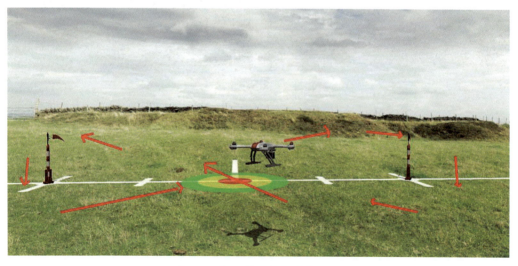

图2-2-19　模拟器水平8字飞行

（二）实操飞行训练

按照飞行试验大纲，无人机驾驶员对多旋翼无人机进行起飞前的机体检查、航前检查。完成起飞前检查后，学员操纵多旋翼无人机完成以下训练。

1. 起飞训练

按照起飞训练方法，结合模拟器训练经验，完成起飞实操训练；飞行训练后，完成以下习题。

（1）保持_____对准操控者，将飞行模式切换到_____模式。

（2）根据设置的解锁方式将无人机_____，如将遥控器左摇杆推到右下角位置，右摇杆推到左下角位置，大约2 s之后，无人机会发出解锁提示音或进入怠速状态，说明无人机_____系统开始工作。此时，将右摇杆回正，左摇杆推到正下方位置，飞控解锁完毕。

（3）待无人机飞到3 m高位置时，推动油门至50%左右，此时无人机处于_____状态，完成起飞。

2. 降落训练

按照降落训练方法，结合模拟器训练经验，完成降落实操训练；飞行训练后，完成以下习题。

（1）保持无人机悬停。尽量选择空旷、平坦的地面进行降落练习。

（2）缓慢拉低_____，当无人机缓慢下降时保持油门杆位不动，等待无人机降落。

（3）无人机落地后迅速把油门杆拉到底，等待_____停转，完成降落。

（4）在起飞和降落的操控中，还需要注意保证无人机的稳定，无人机的摆动幅度不可过大。

3. 四位悬停训练

按照四位悬停的训练方法，结合模拟器训练经验，完成四位悬停实操训练；飞行训练后，完成以下习题。

（1）操纵无人机从中心点起飞，缓慢推动_____至50%左右，当无人机高度合适时，保持无人机处于_____状态。

（2）保持高度的同时控制_____的稳定，使机尾正对准操控者。控制方向舵使无人机沿_____方向旋转，保持无人机机身右侧正对操控者并处于悬停状态。

（3）保证_____的同时控制方向舵、升降舵和副翼以保持无人机_____方向的稳定，使无人机机头始终正对准操控者。

（4）保持无人机在参照物中心点上方_____，前、后、左、右位置偏差不能超出红色环半个机身，然后缓慢降落。

4．360°自旋悬停训练

按照360°自旋悬停的训练方法，结合模拟器训练经验，完成360°自旋悬停实操训练；飞行训练后，完成以下习题。

（1）360°自旋悬停是指操纵无人机保持_____不变的前提下操纵无人机顺时针或_____方向旋转_____的旋转动作。

（2）无人机起飞，缓慢推动_____，当无人机高度合适时，进行360°的_____旋转，在过程中注意_____且不宜过快，要控制转完一周的时间大约_____s，且旋转过程中不能_____。

（3）飞行中注意_____、_____和_____的控制舵量，旋转过程中位置偏差不能超出红色环半个机身，训练时需根据实际情况来完成操控训练。

5．水平8字飞行训练

按照水平8字飞行的训练方法，结合模拟器训练经验，完成水平8字飞行实操训练；飞行训练后，完成以下习题。

（1）水平8字飞行训练是指操纵无人机沿_____个参照物做"_____"的航线飞行训练，训练过程中要求保持_____，每两个点之间的航线为_____。

（2）向前推动_____摇杆，无人机向正前方直线飞行到中心点位置，完成第一段_____飞行，进入正式水平8字航线飞行。

（3）同时推动_____摇杆和_____摇杆，使无人机向左前方以走_____的路线按箭头方向飞行，飞行过程中尽量保持路线_____，左右位置偏差不超过_____机身，还要保持飞行速度_____，不要时快时慢，然后依次完成左圆和右圆的飞行，最后操纵无人机飞回起点，LED灯对准操控者，结束训练。

6. 飞行后检查

（1）无人机飞行任务结束降落后，必须确保遥控器已加锁，然后切断无人机电源。

（2）飞行完成后检查电池电量、机身、桨叶、脚架、电源及信号连接线以及机载设备。

（3）收纳整理无人机、电池、遥控器及各种相关设备。

多施翼无人机飞行训练习题参考答案见图2-2-20。

图2-2-20　多旋翼无人机飞行训练习题参考答案

三、评价反馈

采用过程性评价和终结性评价相结合的方式。

过程性评价主要对小组成员在任务前、任务中、任务后的表现过程进行综合性评价，过程性评价采用自我评价、组内评价和教师综合评价相结合的方式，过程性评价表详见附录2。

终结性评价主要对各小组的完成结果进行考核、测试和评价，终结性评价由老师对学生的完成结果进行评价打分。本任务结合民用无人机驾驶员实践考试要求，终结性评价表详见附录3"民用无人机驾驶员实践考试工作单"。

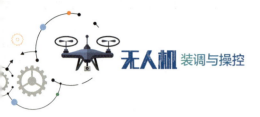

任务考核

　　某校学生参加多旋翼无人机教员执照考试，根据中国民用航空局民用无人机驾驶员执照考试无人直升机教员实操考试模块的要求，应能使用Ⅲ级无人直升机（4 kg＜空机质量≤15 kg、7 kg＜起飞全重≤25 kg），按图2-2-1完成实操考核飞行任务：

　　可使用手动模式（飞控内、外回路均不参与控制）。

　　科目a：悬停；

　　科目b：慢速水平360°自旋；

　　科目c：左右两圆直径6 m，后退水平8字飞行；

　　科目d：定点降落。

　　航线飞行顺序为任意一个圆圈的1号点、2号点、3号点、4号点，另一个圆圈的1号点、2号点、3号点、4号点、1号点，最后降落。注意要求后退飞行。

 **固定翼类无人机视距内操控**

 学习目标

① 能根据中国民用航空局民用无人机驾驶员执照实践考试要求，完成固定翼类无人机的起降飞行操控。

② 能根据中国民用航空局民用无人机驾驶员执照实践考试要求，完成固定翼类无人机的五边航线及水平8字航线飞行操控。

 任务描述

某校学生参加固定翼无人机视距内驾驶员执照考试，根据中国民用航空局民用无人机驾驶员执照实践考试中固定翼无人机视距内和超视距驾驶员实践考试模块的要求，应能使用Ⅲ级固定翼无人机（4 kg＜空机质量≤15 kg、7 kg＜起飞全重≤25 kg），按图2-3-1完成实践考核飞行任务。

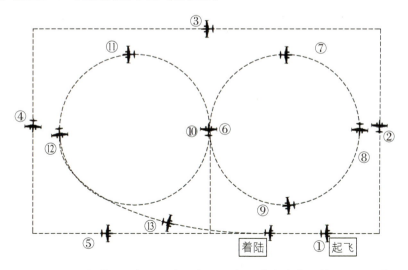

图2-3-1 固定翼无人机视距内和超视距驾驶员实践考试模块飞行示意图

（1）轮式直线起飞，爬升至安全高度约50 m。

（2）起飞后完成五边航线飞行，航线高度约120 m，②、④边长约80 m，③边长约150 m。

（3）从第五边进入水平8字航线飞行，航线高度约120 m，左右两圆直径约50 m。

（4）水平8字航线飞行完成后，在第13边模拟发动机失效，模拟接地高度小于5 m，着陆。

（5）整个飞行过程中，飞行姿态平稳，转弯时无人机无明显掉高。

固定翼类无人机视距内的操控主要指手动操控飞行，其飞行训练方法与航模的训练方法基本相同，本任务主要介绍手动操控飞行方法，视距外的飞行操控见本项目任务四。

目前较成熟的航模飞行训练法有戴氏训练法，本项目在总结各类飞行训练方法的基础上，结合编者的实际飞行学习经验，归纳飞行训练的基本顺序和方法如下，学员可根据自身的实际飞行学习情况，适当调整练习顺序。

下述第一至五部分的飞行训练内容，均指学员在教练带飞的情况下进行的飞行训练；第六部分是指教练认可的学员具备独立完成前五部分飞行要求的能力，且教练在旁监督，学员独立操控的飞行训练。

一、直线飞行训练

（一）直线定高平飞

平飞是指固定翼无人机做水平等速的直线飞行。平飞是最基本的飞行状态，也是飞行中的理想状态，如图2-3-2所示。在操纵杆不动的情况下，由于受到风速、风向及自身的影响，固定翼无人机无法一直保持平飞状态，需要驾驶员不断地操作调整飞行姿态，以使无人机保持平飞姿态。

直线定高平飞的调整一般要通过副翼和油门来实现，操作要点如下：

（1）直线飞行时，当发现无人机偏离航线或有偏离的趋势时，通过点碰副翼来进行调整，点碰副翼后回中，观察航线是否回到直线，若没有，则再进行点碰副翼调整，不可一直压住副翼，以免调整过度或杆量过大。

（2）当无人机偏航较多时，需要用较大的副翼杆量调整，当机身倾斜角度较大时，升力会减小，无人机会掉高，因此要通过适当增加油门保持高度。

（3）平飞过程中，要根据飞行状态，不断地调整副翼和油门，每次打杆应柔和，且杆量较小。

图2-3-2　直线定高平飞

（二）直线爬升

固定翼无人机在直线平飞的状态下，如果需要增加飞行高度，就要经过平飞转爬升和爬升转平飞两个过程。直线爬升是固定翼无人机飞行操控的基本技能，主要通过对升降舵和油门的精准控制使固定翼无人机达到稳定爬升状态。

1. 平飞转爬升

平飞转爬升是指固定翼无人机的机身从水平状态变为机头向上倾斜一定角度状态的过程，如图2-3-3所示。平飞转爬升的过程中，操作要点如下：

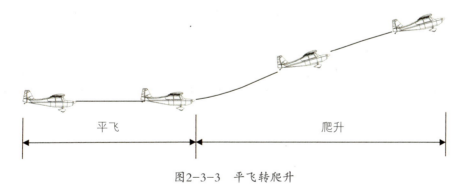

图2-3-3　平飞转爬升

（1）在爬升前，通过控制副翼和油门，使无人机保持稳定平飞状态。

（2）转爬升时，需要轻推油门，逐渐增大飞行速度，同时，缓慢拉升降舵，使机头抬升，当达到合适的爬升角度时，保持油门和升降舵不变。

（3）油门的杆量和升降舵的杆量均需缓慢改变，爬升角度不宜过大，角度过大易导致失速，速度增加过快会导致爬升过快、高度过高。如果有预定爬升高度，则需要在达到预定爬升高度前1～2 s开始收升降舵，使机身平飞，且轻收油门。

（4）在平飞转爬升过程中，也要时刻注意飞行姿态，及时通过操纵副翼摆正机身，使固定翼无人机沿直线平稳爬升，以免出现转弯爬升等不当情况。

2. 爬升转平飞

爬升转平飞是指固定翼无人机的机身从机头向上倾斜一定角度的状态变为水平状态的飞行过程，如图2-3-4所示。爬升转平飞的过程中，操作要点如下：

（1）在固定翼无人机转为平飞状态前，通过控制油门、升降舵和副翼，保持机身稳定爬升状态。

（2）转平飞时，需要轻收油门，逐渐减小飞行速度，同时，回中升降舵，使机身回平，当前高度平稳飞行时，保持油门不变。

（3）如果有预定平飞高度，则需要在达到预定平飞高度前1～2 s开始收升降舵，使机身平飞。这是因为虽然收回升降舵，但是油门依然在缓慢收回，当前无人机的飞行速度是大于当前高度平飞所需速度的，无人机还会继续爬升，所以升降舵的收回是在油门到位之前。

（4）和平飞转爬升不同，油门的杆量需缓慢减小，但是升降舵的杆量需快速收回。在爬升转平飞过程中，须时刻注意机身飞行姿态，及时通过调整副翼摆正机身。

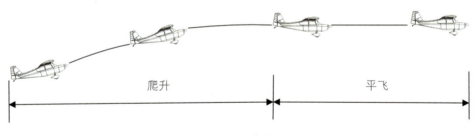

爬升   平飞

图2-3-4 爬升转平飞

（三）直线下降

固定翼无人机在直线平飞的状态下，如果需要降低飞行高度，就要经过平飞转下降和下降转平飞两个过程。直线下降是固定翼无人机飞行操控的基本技能，主要通过对升降舵和油门的精准控制使固定翼无人机达到稳定下降状态。

1. 平飞转下降

平飞转下降是指固定翼无人机的机身从水平状态变为机头向下倾斜一定角度状态的飞行过程，如图2-3-5所示。平飞转下降的过程中，操作要点如下：

（1）在下降高度前，通过控制副翼和油门，使固定翼无人机保持稳定平飞状态。

（2）转下降时，需要轻收油门，逐渐减小飞行速度，同时，柔和缓慢地推升降舵，使机头下沉，当达到合适的下降角度时，保持油门和升降舵不变。

（3）油门的杆量和升降舵的杆量均需缓慢改变，下降角度不宜过大，过大的下降角度易导致掉高严重，如果飞行高度太低，易发生坠机危险，同时速度如果不减小，也会导致降高过快，操控者来不及反应。

（4）在平飞转下降过程中，也要时刻注意机身姿态，及时通过调整副翼摆正机身，使固定翼无人机沿直线平稳下降，以免出现转弯下降等不当情况。

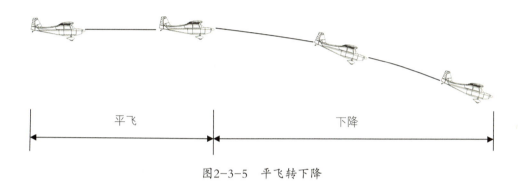

图2-3-5 平飞转下降

2. 下降转平飞

下降转平飞是指固定翼无人机的机身从机头向下倾斜一定角度的状态变为水平状态的飞行过程，如图2-3-6所示。综合考虑环境等因素，下降转平飞的过程中，操作要点如下：

（1）在固定翼无人机转为平飞状态前，通过控制油门、升降舵和副翼，使机身保持稳定下降状态。

（2）转平飞时，需要轻推油门，逐渐增大飞行速度，同时，可以快速回中升降舵，使机身水平，在当前高度平稳飞行时，保持油门不变。

（3）如果有预定高度，则需要在达到预定高度前1~2 s开始收升降舵，使固定翼机身平飞。这是因为虽然收回升降舵，但是油门依然在缓慢前推，当前无人机的飞行速度所需要的动力由油门和降高共同提供，需要调整油门提供当前高度平飞所需要飞行速度的动力，所以升降舵的收回是在油门到位之前。

（4）和平飞转下降不同，油门的杆量需缓慢调整，但是升降舵的杆量需快速收回。在下降转平飞过程中，须时刻注意机身飞行姿态，及时通过调整副翼摆正机身。

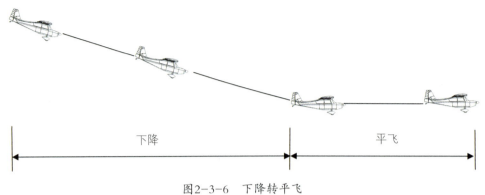

图2-3-6　下降转平飞

二、转弯飞行训练

转弯飞行是固定翼无人机飞行的必备动作之一。固定翼无人机的转弯分为水平转弯和协调转弯。水平转弯是指机身保持水平状态，只通过调整方向舵来实现大半径转弯。协调转弯是指通过增大油门，改变副翼和升降舵（有时根据情况还需要操作方向舵）等多个通道来实现小半径快速转弯。

本项目重点介绍协调转弯，协调转弯主要是指通过改变副翼的状态，使左右两翼的升力不平衡，产生升力差，机身倾斜，导致升力偏离垂直方向，偏向机身的倾斜方向，从而使其水平分力成为向心力带动飞机转弯，如图2-3-7所示。此时，由于机身是倾斜的，需要及时调整升降舵，以免发生掉高现象。如有需要，有时可以通过调整方向舵来防止侧滑。

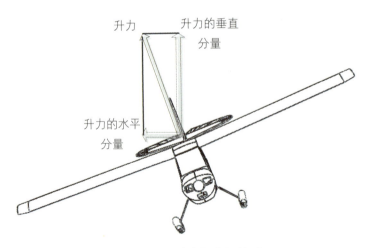

图2-3-7　转弯机身倾斜图

在协调转弯飞行的过程中，注意以下操作要点：

（1）在转弯前，保持直线平飞状态。

（2）转弯时，轻压副翼，轻推油门并拉升降舵，使机身倾斜形成一个角度且不掉高，根据转弯半径确定压副翼杆的量。左转弯，向左压副翼；右转弯，向右压副翼。

（3）当机头朝向即将靠近预定航向时，开始准备控制杆的收回，根据机头朝向与预定航向间差距的大小，自由调整收回的快慢，在飞行方向到达预定航向时，调整固定翼无人机使其处于直线平飞状态。

（4）转弯过程中，升力在垂直方向上的分力会比机身重力小，因此需通过增大油门和调整升降舵来弥补，但当机身倾斜角度过大时，升降舵也会失去效果，因此，转弯操纵时副翼杆量不宜太大，机身的倾斜角度以不超过45°为宜。180°水平转弯飞行如图2-3-8所示。

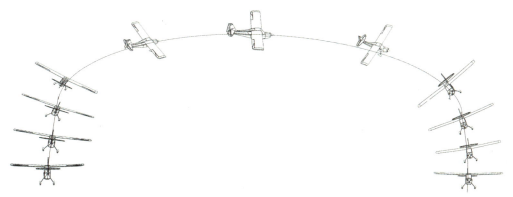

图2-3-8　180°水平转弯飞行示意图

三、五边航线飞行训练

五边航线是固定翼无人机飞行基本练习中非常重要的内容之一，五边主要指起飞航线、空中三条航线及着陆航线。

第一边（起飞航线）：无人机沿跑道起飞，爬升到预定高度的80%；

第二边：第一次转弯90°，进入第二条航线，继续爬升到预定高度；

第三边：第二次转弯90°，进入第三条航线，直线平飞；

第四边：第三次转弯90°，进入第四条航线，根据跑道位置，下降到预定位置；

第五边（着陆航线）：第四次转弯90°，进入着陆航线并实施降落。

实际上起飞阶段和着陆阶段的航线是重叠的，所以组成的图形是一个四边形，如图2-3-9所示。根据主要动作，五边航线分为起飞、建立航线、着陆准备和着陆四部分。起飞和着陆后文会单独介绍，这里重点介绍建立航线和着陆准备。

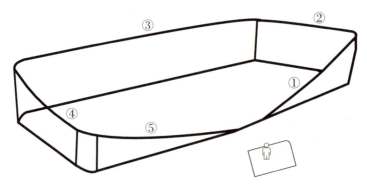

图2-3-9　五边航线

（一）建立航线

建立航线是指无人机驾驶员根据跑道、周边环境和空域范围，操控固定翼无人机保持特定高度和速度沿着规划航线飞行的过程。固定翼无人机在进行五边航线飞行时，其动作主要为直线定高平飞和转弯飞行两者的交替进行。飞出标准的五边航线应注意以下几点：

（1）无人机在四个边做直线定高平飞时，高度和速度应保持一致，且姿态要平稳。

（2）无人机在四个角转弯时的副翼杆量要根据顺风或逆风情况灵活控制，保证四个转弯圆角基本一致。

（3）第三边应比第二、第四边长一些，利于直线平飞调整姿态，但也不宜过长，否则会超出视野范围，无法辨别机身姿态。

（4）五边航线应在驾驶员的前上方，一般航线的高度建议处于驾驶员抬头60°的范围内，航线的长度建议处于驾驶员前方120°的视角范围内。

（5）注意无人机不允许飞到驾驶员头顶及后方。

（二）着陆准备

着陆准备是驾驶员根据飞行高度和无人机与降落地点间的距离，通过目视判断，操控飞机降落到预定着陆点的过程。着陆准备重点在第三次转弯、第四次转弯和对准着陆方向。

1. 第三次转弯

一般为了保证完美着陆，在第三次转弯时就应该调整好无人机的转弯角度、高度和速度。

（1）转弯前，应考虑第四边的长短以及该方向上周边环境是否空旷。

（2）转弯的坡度和半径控制与前几次转弯一致。

（3）转弯后，使无人机保持平飞状态。

（4）在第四边航线飞行时，调整无人机，航线对准第四转弯点，下降至合适高度，减缓速度，控制好进入第四次转弯的位置和速度。

2. 第四次转弯

一般第四边航线较短，因此第三次转弯后，沿第四边航线飞行很快进入第四次转弯，注意力不可分散，做好第四次转弯的准备。

（1）转弯前，注意飞行高度和速度是否达到预期，如果飞行高度或速度不合适，需要延后或提前转弯。

（2）第四次转弯一般采取下降转弯方式，转弯的同时飞行高度也在降低，操纵难度较大，需要副翼、油门和升降舵的协调配合。

3. 对准着陆方向

第四次转弯后，无人机应处于跑道航线上，此时要调整好机身姿态，对准着陆方向，保证顺利着陆。

（1）转弯后，无人机的飞行高度比较低，飞行速度比较慢，采用副翼调整姿态及对准着陆方向时，要微量操纵，也可使用用方向舵来改变航向。

（2）降落过程中，要拉住升降舵，防止机头突然下坠。

（3）根据飞行高度判断收油门时机，若飞行高度适宜，可以关闭油门，机体滑翔降落；若飞行高度较低，应保留油门，补充动力，防止提前着陆。

（4）第四次转弯后，若无人机的速度和高度不满足降落要求，则应果断进行通场复飞。

四、水平8字航线飞行训练

水平8字航线是指固定翼无人机在空中的飞行轨迹是两个相切的圆组合，投影在地面上则是一个形如数字8的图形。在练习水平8字飞行前，需要掌握单个圆的飞行。

（一）水平圆周飞行

水平圆周飞行的基本技巧与转弯飞行类似，其特点是需要一直压副翼、拉升降舵、推油门，使无人机一直朝着一侧转弯飞行，最后就形成一个圆周，如图2-3-10所示。飞行中，要根据空域和视野范围，确定圆周航线的大小，新手尽量飞大半径圆周航线，熟练后可缩小圆周半径。

为了使圆周飞行的轨迹近似圆，而且多次轨迹能重合，在飞行时需要注意以下几点：

（1）飞行时，根据自身所站位置，寻找周边环境的特征物，用来标记圆周轨迹的前、后、左、右四个端点。比如，根据树高来确定飞机的飞行高度，用一栋楼或者一根电线杆来标记端点等。有了标记点，飞行过程中可以有效调整机身姿态，把握好进出端点的时机。

（2）理论上，一直保持同样的舵量，无人机会飞出一个完美的圆形轨迹。但是受风速等影响，操控者需要及时调整油门和其他舵位，结合四个端点处机身应有的姿态，控制飞行高度、飞行速度和飞行姿态，使之达到理想要求。

（3）固定翼无人机向左转圈和向右转圈都要反复练习掌握。

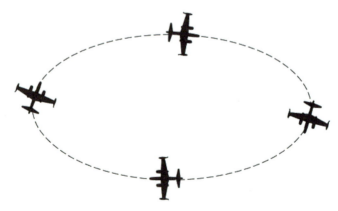

图2-3-10　水平圆周飞行示意图

（二）水平8字航线飞行

在水平圆周飞行的基础上，进一步练习水平8字航线飞行。水平8字航线飞行要求8字航线的各处高度应相等、8字航线的两个圆大小应相等且两个圆的切点通过无人机的机身中线。

为了达到要求，飞行时注意事项如下：

（1）飞行前，根据自身所站位置，初步建立五边航线。再根据五边航线，寻找周边环境的特征物，用来标记五边航线的前、后、左、右4个边点和4个转角点共8个点，通过这8个点建立水平8字航线。

（2）完整的水平8字航线飞行过程为：先飞左五边航线，然后从航线的第五边进入，先飞右圈，再飞左圈，完成后从第⑦点改出，即飞到五边航线的第五边，再实行降落，如图2-3-11所示。训练时，进入圆周后，不断沿着水平8字航线飞行，无须一个循环就出航线。

（3）水平8字航线拆分开就是两个水平圆周航线，一个是转左圈，一个是转右圈。若多次练习，水平8字航线还是不能掌握，则应重复练习水平圆周飞行。

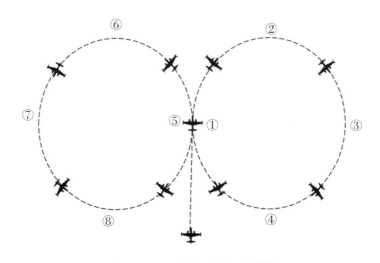

图2-3-11　水平8字飞行示意图

五、起飞着陆训练

起飞着陆是固定翼无人机飞行训练中难度最大的内容，在完成空中飞行训练后，才进行此项训练，此时仍然是教练带飞状态，且由于飞行高度较低和速度较慢，接近地面，教练的注意力要高度集中。

（一）起飞训练

起飞训练是指无人机在跑道上滑跑到离地升空的飞行训练，如图2-3-12所示。

（1）起飞的位置应在跑道的一端，缓慢推油门，使无人机在地面沿直线滑行，到达跑道的中间位置时，油门约在中立位，无人机准备起飞。对于前拉式螺旋桨无人机，为消除螺旋桨的反扭力，一般要通过调整方向舵来保持直线滑行，此时一般

不操纵升降舵和副翼。

（2）经过跑道中间位置后，准备起飞爬升。此时柔和拉升降舵杆，果断均匀推油门，配合操纵升降舵，使无人机抬头离地起飞，爬升角在30°左右，由于无人机的质量不同，爬升角有一定差异。爬升时，由于油门持续加大，此时螺旋桨副作用增强，因此还应根据飞行姿态，适当配合操纵方向舵，使无人机保持直线起飞。

（3）无人机应在离跑道另一端尚有一定距离时就已离地，根据飞行速度，应适当增大油门，保持有足够的拉力和升力。

（4）当无人机爬升至安全高度时，应缓慢回中升降舵，使无人机回平，油门微量减小，逐渐保持在70%左右，随后根据飞行姿态，操纵副翼和方向舵，使无人机保持平稳飞行姿态。

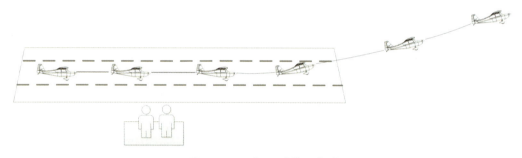

图2-3-12　起飞训练示意图

（二）着陆训练

着陆是指无人机从下滑状态转入以正常姿态和缓慢下沉速度平稳落地的过程，如图2-3-13所示。在固定翼无人机的飞行技能中，着陆是最难学习和掌握的。无论在空中进行何种航线的飞行，为了保证安全降落，着陆之前都需要经过前文描述的着陆准备阶段，这里不再重复。着陆点一般在跑道一端与跑道中心之间，提前着陆留下的滑行距离较长，但落地冲击较大；延后着陆则滑行距离不够，较危险。

着陆阶段的操控要点和注意事项如下：

（1）减速或滑行降低高度，对正跑道方向后，如果距离跑道一端很远，保持油门怠速即可，如果距离很近，油门收回，保持滑翔即可。可以适当拉升降舵调整，下降角度保持在30°左右，随着高度逐渐降低，下降角度也应该减小。

（2）当无人机距地面约5 m时，适当拉升降舵，控制机体转入平飘，使无人机的速度快速减小，高度缓慢降低。如果感觉速度还是有点快，可适当拉升降舵，机头抬升一点，可更快地减速。在此阶段，由于离地很近，要不断微调各操纵杆，注意保持平稳姿态。

（3）当无人机即将落地时，微拉升降舵，使机体保持微抬头姿态触地，落地后无人机由于惯性在跑道上滑行，此时操控者可持续拉住升降舵，令无人机减速。

（4）在整个过程中，应轻微调整俯仰角，若俯仰角度过大，则有可能出现机体落地弹跳及机头着地的情况。

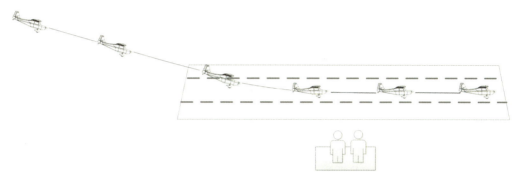

图2-3-13　着陆训练示意图

六、单飞训练

固定翼无人机的飞行训练前期都需要在专业教练的带领下才能进行。在专业教练认可学员具备独立实施飞行能力的前提下，学员才可在教练的监督下，独立操控进行飞行练习，这就是单飞训练。

单飞训练的内容和带飞训练的内容基本一致，不过顺序有所调整。

（1）起飞、着陆训练是学习重点和难点，需要多次反复练习，且要特别注意飞行安全，不能着陆的情况下一定不能勉强，执行通场复飞。

（2）空中飞行的训练主要是完成五边航线+水平8字航线的飞行练习，这个任务中已经包括直线飞行和转弯飞行的内容。

（3）单飞训练需要持续完成：起飞—五边航线—水平8字航线—着陆。

单飞训练时，应注意以下几点：

（1）选择合适的飞行场地，检查并清除场地障碍物。

（2）翼展1 m以上的固定翼无人机，跑道长度约100 m，宽度至少10 m。

（3）确认风向，应执行逆风起飞及降落。

（4）起飞前检查。

（5）飞行后检查。

一、任务准备

（一）场地准备

根据任务要求，完成飞行任务训练的场地准备如下：

机房：电脑、模拟软件、遥控器；

飞行场：面积为500 m×800 m，无飞行敏感区，合法空域，含300 m跑道。

（二）设备准备

根据任务要求，结合"学习储备"中的飞行训练方法，完成飞行设备的选择。填写固定翼无人机飞行设备清单，如表2-3-1所示。

表2-3-1　固定翼无人机飞行设备清单

设备名称	设备型号	数量	单位
遥控器	7通道	1	个
模拟器	SM600	1	个
固定翼训练机	迪飞 DF-EDU 07	1	架
固定翼考证机	迪飞 DF-EDU 08	1	架
电池	锂聚合物电池 3S 2600 mAh 25 C	4	块
	锂聚合物电池 6S 16000 mAh 25 C	2	块
充电器	Icharge	1	个

（三）材料准备

根据飞行设备清单，选择合适的飞行材料。填写固定翼无人机飞行材料清单，如表2-3-2所示。

表2-3-2　固定翼无人机飞行材料清单

材料名称	材料参数	数量	单位
螺旋桨	APC 15 mm×8 mm马刀桨	2	个
	1855 mm碳纤维 正反桨	2	对
	10 mm×5 mm 2叶	2	个
纤维胶带	30 mm（宽）×5 m（长）	1	卷

（四）物资准备

根据外场飞行实际需要，准备合适的物资。填写固定翼无人机飞行物资清单，如表2-3-3所示。

表2-3-3　固定翼无人机飞行物资清单

物资名称	物资型号	单位
太阳镜	常规	副
防晒帽	常规	顶
……	……	……

二、任务实施

要完成飞行任务，应首先在模拟器中按照飞行训练方法进行训练，在模拟器中正确完成飞行任务后，才能进行教练带飞的实操飞行训练及单飞训练。

（一）模拟器飞行训练

1. 模型选择及基本设置

（1）模型选择。

以凤凰模拟器为例进行介绍，按照飞行任务要求选择的飞行设备有固定翼训练机和固定翼考证机，参考两款机型的参数，在凤凰模拟器中，选择这两款机型作为训练模型，如图2-3-14所示。建议先练习轻的机型，再练习重的机型。

图2-3-14　训练模型选择

（2）基本设置。

遥控器操纵固定翼无人机的通道设置分为美国手和日本手两种。

遥控器（美国手）的设置：左侧—左右摇杆控制方向舵，左侧—前后摇杆控制油门，右侧—左右摇杆控制副翼，右侧—前后摇杆控制升降舵。

遥控器（日本手）的设置：左侧—左右摇杆控制方向舵，左侧—前后摇杆控制升降舵，右侧—左右摇杆控制副翼，右侧—前后摇杆控制油门。

通过操纵遥控器，可保持油门在约20%处，并操作其他摇杆，观察无人机在地面的动作情况，逐步熟悉各操纵摇杆。

（3）飞行场景选择。

根据飞行训练要求，应选择有跑道的场景，因为这类场景适合起飞和着陆训练，如图2-3-15所示。

图2-3-15　飞行场景选择

2. 直线模拟飞行训练

（1）在模拟器中完成直线定高模拟飞行，不出现明显的掉高和大幅度偏移。

（2）在模拟器中完成直线爬升转定高平飞、定高平飞转直线爬升模拟飞行，姿态变化平稳，没有大幅度变化。

（3）在模拟器中完成直线下降转定高平飞、定高平飞转直线下降模拟飞行，姿态变化平稳，没有大幅度变化。

3. 转弯模拟飞行训练

（1）能够在模拟器中完成不同半径的90°转弯模拟飞行。

（2）能够较好掌握协调转弯操纵，转弯过程中无人机没有明显掉高，机身倾斜角度不大于45°。

4. 五边航线模拟飞行训练

（1）认识五边航线由起飞、建立航线、着陆准备和着陆组成。

（2）在模拟器中分别完成平飞的左、右90° 转弯模拟飞行，转弯过程中无人机没有明显掉高。

（3）在模拟器中分别完成第一个爬升转弯和第四个下滑转弯的模拟飞行，姿态变化平稳，高度变化平滑，没有出现高低起伏。

（4）在模拟器中完成一个空中五边航线的连续飞行。

5. 水平8字航线模拟飞行训练

（1）在模拟器中完成不同半径的水平圆周的模拟飞行，圆周航线在一个平面上，该过程中无人机没有明显掉高，机身倾斜不超过45°。

（2）在模拟器中正确分别完成左、右水平8字航线的飞行，两个圆大小相近，转弯时机恰当，无人机没有明显掉高，飞行姿态平稳。

6. 起飞和着陆模拟训练

（1）在模拟器中完成直线起飞及爬升至指定高度的飞行训练，爬升角约为30°。

（2）在模拟器中完成下滑着陆的飞行训练，着陆过程中飞行姿态平稳，没有明显起伏偏移，着陆在跑道内。

（二）实操飞行训练

固定翼无人机实操飞行训练要有经验丰富的教练带飞，教练和学员的遥控器由教练线连接，出现紧急状况教练可及时切换救机，避免出现事故和损失。

特别注意：实操飞行训练中，要注意应先由教练示范飞行训练内容，同时讲解操作要领，确认学员已经明白此项飞行训练的内容及注意事项后，方可切换给学员练习。

实操飞行训练中，准备了两款固定翼无人机，使用固定翼训练机进行飞行训练，完成所有的飞行训练内容后，才能进行固定翼考证机的飞行训练，并且，固定翼考证机仅用于考证试题的飞行训练，不做基础飞行训练用。

1. 起飞前检查

按照飞行试验大纲，无人机驾驶员对固定翼无人机进行起飞前的机体检查、航前检查。

2. 飞行训练

（1）直线飞行训练。

教练操纵起飞，使固定翼无人机飞入第三边，机体呈水平直线飞行状态时切换给学员，学员应完成以下飞行要求：

①完成在模拟器中进行直线飞行训练的全部要求。

②保持固定翼无人机在驾驶员的视线范围内飞行，以能看清机体飞行姿态为佳。

③根据现场风速变化情况，向左、向右分别进行直线飞行训练，在飞行中能灵活操纵各舵面，保持无人机的直线飞行状态。

④完成5~8个飞行训练后，根据机体姿态，提前判断并进行操纵，掌握定高直线平飞的技巧。

⑤飞行训练后，完成以下习题。

（a）定高平飞，应时刻观察飞行状态，包括飞行＿＿＿＿＿、＿＿＿＿＿、＿＿＿＿＿以及＿＿＿＿＿等指示。

（b）当观察到无人机以一定角度倾斜时，应向倾斜的＿＿＿＿＿方向适当＿＿＿＿＿，以保持好姿态。

（c）当观察到飞行轨迹方向偏离目标点方向时，应同时观察是否有倾斜和侧滑现象，根据实际情况，配合操纵＿＿＿＿＿、＿＿＿＿＿和＿＿＿＿＿，以保持好姿态。

（d）爬升转平飞，主要操纵是将油门＿＿＿＿＿，当观察到飞行姿态满足平飞要求时，则保持油门的稳定。

（e）平飞转爬升，主要操纵是将油门＿＿＿＿＿，同时配合操纵＿＿＿＿＿。

（f）平飞转下滑，主要操纵是将油门＿＿＿＿＿，同时配合操纵＿＿＿＿＿。

（g）下滑转平飞，主要操纵是将油门＿＿＿＿＿，同时配合操纵＿＿＿＿＿。

（h）在进行飞行状态变化的操纵时，切记操纵应＿＿＿＿＿。

（2）转弯飞行训练。

教练操纵起飞，使固定翼无人机飞入第三边，机体呈水平直线飞行状态时切换给学员，学员主要进行第三个转弯的飞行练习，完成以下飞行要求：

①完成在模拟器中进行转弯飞行训练的全部要求。

②掌握好第三边到第四边的转弯时机，当第三边离驾驶员较远或较近时，正确处理转弯时机。

③完成向左、向右的转弯飞行训练，掌握顺风转弯和逆风转弯的操纵技巧。

④根据转弯过程中机体姿态的变化，进行应变操纵，保证无人机安全。

⑤飞行训练后，完成以下习题。

（a）无人机转弯是改变飞行_____的基本动作，两种转弯方式分别是_____和_____。

（b）转弯中，协调地向转弯方向操纵_____和_____，为防止侧滑，有时还配合操纵_____。

（c）转弯后段，通过检查_____方向，判断退出转弯的时机。

（3）五边航线飞行训练。

教练操纵起飞，使固定翼无人机飞入第三边，机体呈水平直线飞行状态时切换给学员，学员主要根据前面学习的直线定高平飞及转弯训练，进行五边航线的飞行练习，完成以下飞行要求：

①完成在模拟器中进行五边航线飞行训练的全部要求。

②根据现场环境，找准五边航线中4个转弯处的特征物，掌握转弯时机，4个转弯圆角应基本一致。

③无人机在五边做直线定高平飞时，要能根据风速灵活操纵，飞行高度和速度应保持一致，且姿态平稳。

④在完成约5次空中平飞的五边航线飞行训练后，再尝试进行第一次爬升转弯和第四次下滑转弯的飞行训练。

⑤飞行训练后，完成以下习题。

（a）五边航线也称_____航线，由_____、_____、_____和_____四个主要动作组成。

（b）着陆准备是指根据当时的飞行_____和无人机与降落地点

的_____，进行目视判断。着陆目测需重点决断着陆_____和

_____转弯的位置。

（c）退出三转弯后，应保持_____，检查航迹是否对正

预定的_____转弯。

（d）爬升转弯与水平转弯的不同点主要在于，爬升时油门应保持_____

_____，转弯前，应保持好_____，转弯过程中，注意稳住操纵杆，

防止机头过度_____，退出转弯后，也要保持好_____。

（e）下滑转弯与水平转弯的不同点主要在于，下滑时油门应收小，转弯

过程中，注意稳住操纵杆，保持好_____。

（4）水平8字航线飞行训练。

教练操纵起飞，使固定翼无人机飞入第五边，机体呈水平直线飞行状态时切换

给学员，学员主要根据教练示范的水平8字飞行路线，以及前几部分的飞行训练内

容，进行水平8字航线飞行练习，完成以下飞行要求：

①完成在模拟器中进行水平8字航线飞行训练的全部要求。

②根据现场环境，找准水平8字航线的特征物，记住航线前、后、左、右4个边

点和4个转角点共8个点，水平8字飞行的进入和改出时机选择要恰当合理。

③在顺风和逆风状态下，灵活操纵实现左、右两个圆的大小基本一致。

④在完成约5次空中水平8字的航线飞行训练后，尝试进行五边航线接水平8字航

线的综合飞行训练。

⑤飞行训练后，完成以下习题。

（a）飞行五边航线时，无人机飞入第五边，此时的姿态应该是

_____；无人机自第五边沿_____进入水平8字航线飞行，第五

边在左侧，则应先飞水平8字的_____圆。

（b）飞行前，根据自身所站位置，寻找周边环境的_____，用来

标记五边航线的_____个边点和_____个转角点，建立水平8字

航线。

（c）若反复练习水平8字航线飞行，仍不能掌握，应重复_____

_____练习。

（d）水平8字航线飞行协调转弯时，要注意_____、_____和_____的配合，并且机身倾斜角度不大于_____。

（5）起飞和着陆飞行训练。

教练演示并讲解起飞操作要领，由学员独立进行起飞操作，完成以下飞行要求：

①完成在模拟器中进行起飞训练的全部要求。

②根据实际训练机型的特征，考虑螺旋桨反扭力的影响，通过调整方向舵来保持直线滑行状态。

③根据实际训练机型，多次练习后，能掌握起飞油门的操作舵量。

④当无人机爬升至安全高度，各舵面协调操纵，保持机体平飞姿态。

教练操作使固定翼无人机飞入第三边，机体呈水平直线飞行状态时切换给学员，学员主要根据前面学习的转弯训练、五边航线的着陆准备进行着陆训练，完成以下飞行要求：

①完成在模拟器中进行着陆训练的全部要求。

②根据实际训练机型的特征，下滑转弯后机身姿态的摆平这类动作要协调，操作各舵面一气呵成，若不能高质量地完成，必须复飞，保证安全。

③下降过程中，驾驶员既要看清无人机姿态，也要注意自身安全，不可离机身太近。

④着陆后要注意将遥控器油门拉到最低，并立刻给无人机断电，保证安全。

⑤飞行训练后，完成以下习题。

（a）无人机_____起飞，对于前拉式螺旋桨无人机，为消除螺旋桨_____，一般要通过调整_____来保持直线滑行，另外_____和_____一般不操纵。

（b）无人机爬升时，由于油门加大，此时螺旋桨副作用增强，因此还应根据飞行姿态，适当配合操纵_____。

（c）在爬升阶段，一般爬升角应根据无人机的轻重有所区别，较轻的无人机，爬升角应_____一些，较重的无人机，爬升角应_____一些。

（d）下滑时，由于油门减小，此时螺旋桨副作用_____，因此还应根据飞行姿态，适当配合操纵_____。

（e）下滑时，若速度过大，应适当增加_____，减小_____。

（f）着陆是指无人机从一定高度约_____m下滑，并降落至地面直到停止滑跑的运动过程。

（g）在保持两点滑跑后，应缓慢打杆减少_____，操纵_____来控制滑跑方向，随着速度减小，操纵_____至最大。

固定翼无人机训练习题参考答案见图2-3-16。

图2-3-16　固定翼无人机
训练习题参考答案

3.飞行后检查

按照飞行试验大纲，对飞行后的固定翼无人机进行飞行后检查，并及时更换电池，为下一架次的训练做好准备。

三、评价反馈

采用过程性评价和终结性评价相结合的方式。

过程性评价，主要对学生在任务前、任务中、任务后的表现过程进行综合性评价，过程性评价采用自我评价、组内评价和教师综合评价相结合的方式，过程性评价表详见附录2。

终结性评价，主要对学生的完成结果进行考核、测试和评价，终结性评价由老师对学生的完成结果进行评价打分。本任务的终结性评价表详见附录3"民用无人机驾驶员实践考试工作单"。

任务考核

根据民用无人机驾驶员的飞行要求，要考取垂直起降固定翼无人机视距内和超视距驾驶员执照，应能使用Ⅲ级垂直起降固定翼无人机（4 kg＜空机质量≤15 kg、7 kg＜起飞全重≤25 kg），按图2-3-17完成实践考核飞行任务：

❶ 在指定区域，以旋翼飞行模式完成垂直起飞；

❷ 起飞至安全高度约80 m，切换成固定翼飞行模式；

❸ 首先进行五边航线飞行，航线高度约120 m，②、④边长约80 m，③边长约150 m；

❹ 从第五边进入水平8字航线飞行，航线高度约120 m，左、右两圆直径约50 m；

❺ 完成水平8字航线飞行后，切换飞行模式为旋翼模式，在指定区域着陆；

❻ 整个飞行过程中，飞行姿态平稳，转弯时无人机无明显掉高。

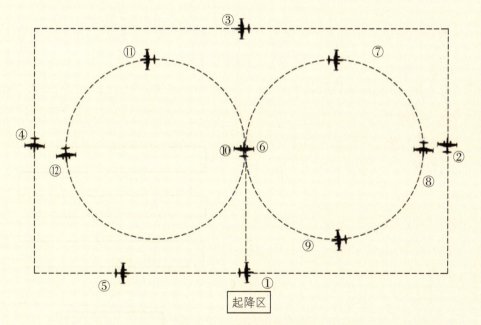

图2-3-17 考证飞行示意图

任务四　无人机超视距操控

 **学习目标**

1 能根据中国民用航空局民用无人机驾驶员执照实践考试要求，在无人机地面站完成旋翼类无人机的航迹规划。

2 能根据中国民用航空局民用无人机驾驶员执照实践考试要求，完成旋翼类无人机的应急返航操控。

任务描述

某校学生参加多旋翼无人机超视距驾驶员执照考试，根据中国民用航空局民用无人机驾驶员执照考试多旋翼无人机超视距驾驶员实践考试的要求，应能使用Ⅲ级多旋翼无人机（4 kg＜空机质量≤15 kg、7 kg＜起飞全重≤25 kg），按图2-4-1完成实践考核飞行任务：

（1）起飞点（返航点）与考试席位的相对方位由委任代表根据现场环境等情况决定。

按图2-4-1所示起飞点规划扫描航线，航线长度为30 m（误差≤±3 m），航线间隔为10 m（误差≤±1 m），航线相对地面高度为30 m，水平速度为3 m/s，垂直速度为1 m/s，转弯模式为定点转弯，停留时间不作要求；学员应完全依据题目在6 min内完成航线的规划、检查与上传。

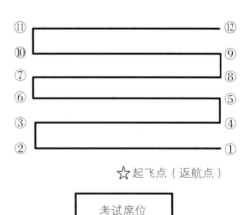

图2-4-1　多旋翼无人机超视距驾驶员实践考试飞行示意图

（2）无人机随时可起飞进入飞行实施阶段，无人机按照规划的航线执行飞行任务，之后按考试员指令在操作时间限制内修改航线并执行修改后航线。

（3）在操作时间限制内完成地面站应急返航操作，在操作时间限制内模拟位置信息丢失、姿态模式应急返航操作。

一、地面站介绍

（一）无人机地面站作用

无人机地面站是整个无人机系统非常重要的组成部分，是无人机超视距飞行的主要控制设备，是地面操作人员与无人机直接交互的渠道。其具备包括任务规划、任务回放、实时监测、数字地图定位、通信数据链传输在内的集控制、通信、数据处理于一体的综合能力，是整个无人机系统的指挥控制中心。当需要实现无人机超视距操控时，必须借助地面站来实现对无人机的控制和信息的传输。随着技术的发展，越来越多的硬件集成到无人机地面站中，使得地面站的功能更加丰富强大。

（二）民用地面站分类

无人机民用领域的地面站目前主要有三类：

（1）开源式地面站软件，在消费级无人机和工业级无人机中较为常见，多用于产品研发早期的原理样机测试或者初学者的入门学习。

（2）在开源软件的基础上进行二次开发，进行功能的改进、界面的美化和功能的优化等，形成自己的独特产品，配套设计相应的硬件。此种多见于专业的工业级无人机产品。

（3）完全独立自主开发的软件，多见于研发实力强劲，有丰富的研发实力和资金实力的公司。此种产品的性能和稳定性较好，和产品的匹配度高，功能设计方便易用，但是开放的权限和接口有限，功能比较封闭。此种情况多见于高端的消费级无人机和工业级无人机。

当然，这三类软件只是在民用级无人机中使用，军用级无人机拥有独立的配套地面站软件，技术性能和可靠性要比民用产品高很多。本部分以常见的民用级地面站软件为例介绍其特点。

（三）常见地面站介绍

1. Mission Planner地面站

在目前的开源式地面站软件中，Mission Planner软件是消费级无人机和工业级无人机领域应用最为广泛的开源式地面站控制软件。该软件只能在Windows操作系统下使用。该软件由Ardupilot团队研发，可以匹配固定翼无人机、多旋翼无人机、无人直升机、无人车辆、无人船等各类无人操作平台，其软件内部电子地图采用Google Earth提供的卫星地图，与GPS模块配合使用可以实现对无人机的航迹控制。软件具备飞行日志的存储和管理功能，能够为新型无人机的样机调试提供数据支撑。Mission Planner还为使用者提供了极佳的二次开发接口，利于个人、团队和公司的二次开发。

Mission Planner软件界面风格简洁，主要分为飞行姿态显示区、参数监控区和电子地图显示区三个区域，如图2-4-2所示。

图2-4-2　Mission Planner软件界面

左上角为飞行姿态显示区，采用有人机的显示风格，以模拟人工地面线为参照物，提供三个角度（俯仰角、滚转角、航向角）、两种速度（空速、GPS速度）和高度信息（高度和爬升率），能够直观地将无人机姿态信息展现给操控者。

左下角为参数监控区，提供飞行参数、舵机、任务设备、航迹日志等多个模块的参数切换，操控者可以随时根据需要进行显示切换。在这一区域主要以精确数据形式进行显示，以飞行参数为例，可以显示飞行高度（m）、地速（m/s）、航向角（°）、爬升率（%）、距离（m）。凭借这些精确的数据，操控者可以更加准确地了解无人机实时的飞行状态。此外，软件也可以提供其他显示风格，如传统指针式仪表（和汽车仪表差不多）。

右侧区域为电子地图显示区，通过加载Google Earth卫星地图，根据实时传输来的无人机GPS信息就可以在地图上标定出无人机实时航迹，当然，操控者也可以实时修改和规划新的航迹，并通过软件向无人机下达执行指令。Mission Planner软件在使用之前需要和无人机机载飞控机进行连接和调试，确保双向通信顺畅，具体调试方法比较细节化，涉及飞控机各种传感器的初始化、飞行模式设置等多个方面。

2. DJI Ground Station

DJI Ground Station（简称DJI GS）是深圳大疆创新科技有限公司针对本公司的飞控和无人机产品推出的一款地面站软件，界面如图2-4-3所示。全功能地面站具有编辑3D地图航点、规划飞行航线、实时飞行状态反馈以及自主起降等功能。该产品专为飞行器进行超视距飞行而设计，可应用于侦测、航拍等领域。配合DJI GS的飞行控制系统，地面站不仅能确保飞行器飞行状态的稳定性及安全性，且易于操作，可通过使飞行器按照预先在地面站软件中设定的飞行航线或在飞行过程中在地面站软件中进行航线的修改，来实现自主飞行。

图2-4-3　DJI GS软件界面

注:

1-操纵杆。

2-工具箱。

3-系统设置。

4-语言（Language）：单击改变显示语言（中文或英文）。

5-帮助（H）。

6-输入位置：输入要到达的位置。

7-飞行轨迹：单击显示飞行器轨迹。

8-航线投影。

9-地图详情。

10-仪表显示器：单击弹出仪表盘窗口。

11-编辑器：单击弹出任务编辑器窗口。

12-继续：飞行器继续执行未完成的航线任务。

13-暂停：暂停任务。

14-串口选择。

15-连接：单击连接主控器。

16-飞行器：单击前往飞行器位置。

17-飞行器实时位置信息，数据内容可进行复制。

18-一键起飞：单击后飞行器起飞。

19-返航点：单击前往返航点位置。

20-返航点位置信息，数据内容可进行复制。

21-设置返航点：改变返航点。

22-返航：单击返航。

23-真实飞行模式：显示真实飞行模式或模拟飞行模式。

24-信号强度：显示地面站与主控器之间的连接状态。

25-GPS：实时GPS信号质量。

26-姿态：实时姿态特征。

27-模式：实时控制模式。

28-其他状态参数（由识别到的飞控类型决定）。

29-上传/下载进度条。

30-取消：取消按钮。

DJI GS有很多常用快捷键，可以方便用户进行操作，具体可参见表2-4-1。

表2-4-1 DJI GS常用快捷键

操作	功能
观测模式	
鼠标左键+ ↑，↓，←，→	上/下/左/右移动地图
鼠标左键+	上/下/左/右旋转地图
Ctrl+鼠标滑轮向上、鼠标滑轮向下	向右/向左旋转地图
Shift+鼠标滑轮向上、鼠标滑轮向下	向上/向下旋转地图
双击鼠标左键或者鼠标滑轮向上	放大地图
双击鼠标右键或者鼠标滑轮向下	缩小地图
操纵杆/键盘模式	
Ctrl+鼠标右键	启动模拟飞行
键盘模式	
D，A	控制飞行器横滚
W，S	控制飞行器俯仰

（续表）

操作	功能
↑，↓	油门，控制飞行器起飞和降落
←，→	控制飞行器尾舵
点击模式	
空格键+鼠标左键	生成目标航点
航点模式	
Ctrl+鼠标左键	添加新航点
鼠标左键航点+鼠标滑轮向上或者鼠标滑轮向下	设置某一个航点的航向角
鼠标左键航点+↑或者↓	设置某一个航点的航向角
选中一个航点，Shift+P	打开相对坐标编辑器

二、基本飞行航线规划

（一）规划流程

无人机超视距航线的规划流程如图2-4-4所示：

图2-4-4　无人机超视距航线的规划流程图

（1）接收任务。接收客户/上级发布的任务或命令，对任务进行记录。

（2）任务分析。分析任务执行的地理区域、时间区间，任务所包含的目标航点数，各个航点的位置、重要程度等情况。

（3）环境评估。根据任务涉及的区域查询地形概况、禁飞区和障碍物分布情况及气象信息，为航线规划提供环境情况依据。

（4）任务分配。分析可用的无人机资源和着陆点信息，进行载荷规划、通信规划以及目标分配。载荷规划包括携带的传感器类型、摄像机类型和专用任务设备类型等，规划设备工作时间及工作模式，同时需要考虑气象情况对设备的影响程度；通信规划包括在执行任务的过程中，根据环境的变化制定一些通信任务，调整与任务控制站之间的通信方式等；目标分配主要包括执行任务过程中实现动作的时间

点、方式和方法的设置，以及机会航点的时间节点、飞行高度、航速、飞行姿态、配合载荷设备的工作状态与模式的设定，当无人机到达该航点时实施航拍、盘旋等飞行任务。

（5）航线规划。在目标分配的基础上，根据环境变化情况、无人机航速、飞行高度范围、燃油量和设备性能制定飞行航线，并申请通信保障和气象保障，系统根据无人机飞行的最小转弯半径和最大俯仰角对航线进行优化处理，制定适合无人机飞行的航线。

（6）生成计划。最后生成计划，保存并发送。

（二）规划案例

下面以DJI GS为例，介绍航线规划的步骤。

1. 编辑飞行任务

（1）点击打开任务编辑器，如图2-4-5所示。

图2-4-5　任务编辑器界面

（2）点击"新建"编辑新任务。

（3）添加航点。

添加航点有两种方法：第一种是逐点添加，点击"+"就可添加新航点，或者按住Ctrl键，用鼠标点击地图上的点，即可添加新航点；第二种是采用相对坐标编辑器添加航点，在民用无人机驾驶员考试中，须使用这种办法来精确确定航点的位置。

①选择一个航点，按下Shift+P快捷键，弹出窗口如图2-4-6所示；

图2-4-6　相对坐标编辑器

②用Tab键在两个输入框之间切换；

③输入相对坐标：角度是与当前航点正北方向的相对角度，距离是与当前航点的相对距离；

④按下Enter键，即可在当前航点之后看见所设置的新航点。

（4）删除航点。

在3D地图或正在编辑的任务中选中航点，选中的航点显示绿色；点击"-"或者按下Delete键删除航点。

（5）航线模板。

使用航线模板自动生成航点。从工具箱中找到航线模板，打开航线模板命令框，如图2-4-7所示。单击"添加区域"按键添加一个新区域。可通过选中区域对角的航点图标并拖动它来改变区域大小。鼠标左键单击旋转区域，每单击一次旋转30°，单击向右/向左按钮微调区域的旋转角度，每单击一次旋转0.1°。单击航线模板中任一模板生成航点，单击"导入到编辑列表"按键，以完成模板编辑。

图2-4-7　航线模板

2. 编辑航点属性

编辑航点属性时，在3D地图或正在编辑的任务菜单中选中航点，属性设置（航点属性）界面如图2-4-8所示，可对航点海拔、转弯模式、水平飞行速度、机头朝向角度和停留时间等进行设置，设置完成后，按Enter键确认。

海拔（m）：如果是高度模式，指的是航点的相对高度，通过点击高度调节按钮编辑每个航点的高度。如果是海拔模式，则指的是航点的海拔高度，在海拔栏后面键入确切数值即可。

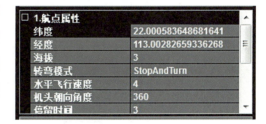

图2-4-8　航点属性

转弯模式：可以独立设置，可选择定点转弯、协调转弯或自适应协调转弯。系统默认的转弯模式为定点转弯。在协调转弯模式或自适应协调转弯模式下，航点属性中的参数停留时间将被忽略。

水平飞行速度：指从上一航点到当前航点的速度（m/s）。在航线模式下，系统默认速度为4 m/s，允许的最大速度为25 m/s。可直接输入具体值。

机头朝向角度：设置飞行器在到达某个航点时的方向，可通过设置该值实现，默认值为上一个航点的机头朝向角。

停留时间：设置飞行器在某航点的停留时间。该设置仅对定点转弯有效，而对协调转弯无效。

注意：有时地理信息系统数据库（Google Earth™）的信息并非很精确，而航线与山体冲撞检查的功能实现却是基于这个非实时或未更新的数据库的。一些实际地形可能不同于3D地图中的显示，例如该地表上又有一些新增的建筑物。因此Google地理信息插件仅仅以常规地形浏览为目的，用于航点的快速定位，不保证其安全性。由于无人机使用气压传感器测量海拔高度，因此所测结果会因天气原因而发生变化，可能会在同一个位置、不同的时间得到不同的高度值。但是，相对飞行高度的精度会远远高于地理信息系统提供的绝对高度的精度。对于上述问题，以下计算相对飞行高度的方法将最为可靠：

记录飞行器起飞前所在的海拔高度LGound公式：

$$航点高度 = 相对飞行高度 + LGound$$

此方法是防止飞行航线冲撞最为可靠的方法。设置高度补偿是为了避免视觉上的混乱，如图2-4-9所示。例1中红点所代表的飞行器实际上是放在地面上的，而在3D地图里它却是飘浮在空中的，设置一个负的补偿值以减小飞行器的高度之后，在3D地图里红点显示在地面上；例2也是同样道理。

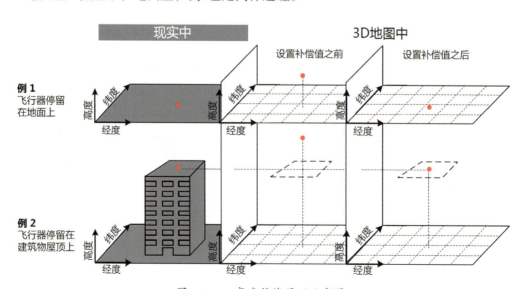

图2-4-9 高度补偿原理示意图

3. 编辑航点任务属性

编辑航点任务属性，单击"编辑"中的"任务"可以看见任务属性，如图2-4-10所示，可对任务超时时间、循环、起始点、垂直最大速度以及所有航点参数等进行设置，设置完成后，按 Enter 键确认。

<table>
<tr><td>□ 任务属性</td><td></td></tr>
<tr><td>任务超时时间</td><td>65535</td></tr>
<tr><td>循环</td><td>Continuous</td></tr>
<tr><td>起始点</td><td>0</td></tr>
<tr><td>垂直最大速度</td><td>1.5</td></tr>
<tr><td>□ 设置所有航点参数</td><td></td></tr>
<tr><td>设置所有航点的海拔</td><td></td></tr>
</table>

图2-4-10　航点任务属性参数设置

任务超时时间：如果飞行器飞行时间超过任务时间限制，将自动返航（默认值为65535 s；最小值为60 s；最大值为65535 s）。

循环：设置飞行器是否进行循环飞行，包括Start_to_End和Continuous两种方式。其中Start_to_End指从起点到终点仅执行一次；Continuous指从起点到终点重复执行多次。默认模式为Start_to_End。

起始点：设置飞行器起飞后的第一个目标航点。默认起始点为"0"。

垂直最大速度：该限制是飞行器在垂直方向上的绝对速度（m/s）限制。默认垂直最大速度为1.5 m/s，最大允许值为5.0 m/s。

设置所有航点参数：设置所有航点的海拔、设置所有航点的速度、设置所有航点的转弯模式、设置所有航点的动作。这四项是对所有航点属性的设置，设置一次之后，则所有航点的属性都改变且一致，此时再对单一的一个航点进行属性设置时，则该航点的属性改变。

执行任务之前的航线颜色：检查任务之后，如果航点路线和山体之间发生冲撞，那么这些航线将显示为红色线；如果航线长度大于10 km，航线将显示为黄色线；正常情况下航线显示为蓝色线。

执行任务期间的航线颜色：执行任务期间包含所有航点号的航线将均显示为红色线。

4. 保存和载入任务

单击"保存"，保存已编辑好的任务；以".awm"为后缀名命名文件，例如1234.awm；载入任务，单击打开已保存的任务文件，文件后缀名为".awm"，如图2-4-11所示。

注意：高度补偿值不保存在任务文件中，必须每次设置它。

5. 上传飞行任务

检查和上传任务：点击任务编辑器底部的"上传"按钮，将飞行任务发送给主控制器。下面的表格为点击上传后显示的任务预览，用于最后检查，如图2-4-12所示。点击"确定"，在成功同步后，可以开始执行任务。

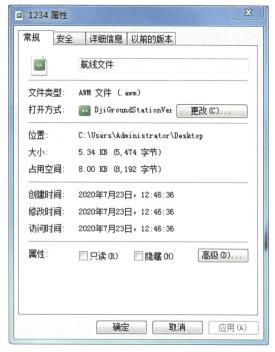

图2-4-11　航线文件

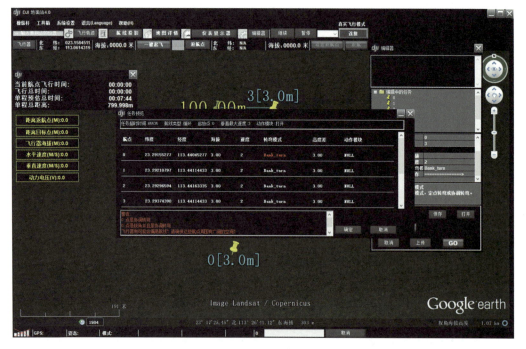

图2-4-12　任务预览

上图的例子中，红色部分提示转弯模式有误无法执行，将出现红色的航点设置为其他两种模式中的一种，最后确定上传。

三、航测航线规划

无人机航测以无人机为平台进行航空摄影测量，航线规划是航测的基础。DJI GS 按如下步骤正确地设置伺服功能和任务路线即可实现自动航测的功能，该工具是一个功能组合体，它简化了航测航线的参数设置流程，可以实现飞行途中自动间隔距离拍照，而无须人为控制。

（1）点击工具箱下的"摄影测量工具"，打开设置窗口，如图2-4-13所示。

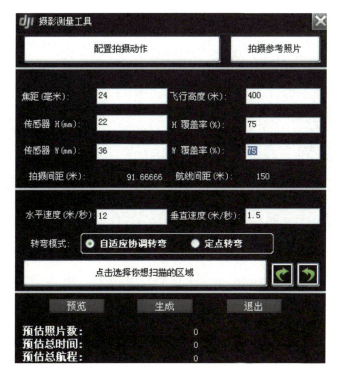

图2-4-13　摄影测量工具设置页面

（2）点击"配置拍摄动作"，为相机拍摄设置伺服系统。

（3）点击"拍摄参考照片"，可以查看相机是否处于所需要的工作状态。

（4）填入相机的焦距、传感器H和传感器W。

（5）填入飞行高度、H覆盖率和W覆盖率，H覆盖率和W覆盖率是指拍摄照片的长和宽的覆盖率。

（6）填入飞行的水平速度和垂直速度。

（7）选择转弯模式：自适应协调转弯或定点转弯。

（8）点击"选择你想扫描的区域"来选择扫描区域。

（9）点击"预览"来预览任务计划，如图2-4-14所示。

图2-4-14　任务计划预览图

（10）点击"生成"来生成所有的航点，此时，编辑器中将自动生成一个飞行任务，如图2-4-15所示。

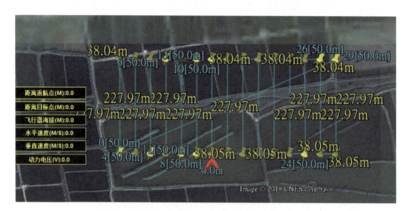

图2-4-15　自动生成飞行任务图

（11）若使用WKM、NAZA-M 或NAZA-M V2飞控，用户可通过GPSExporter 导出拍照点的飞行器姿态数据做后期处理。若使用A2飞控，用户可使用DJI Data Viewer软件，点击界面上的导出GPS 动作坐标图标进行数据导出。

（12）生成航点后，可以在编辑器中对航点进行其他设置。其余操作步骤和"基本飞行航线规划"部分类似。

四、超视距飞行

（一）无人机起飞

在完成航线规划后，无人机进入起飞准备阶段，起飞方式有两种：自主起飞和手动起飞。

自主起飞：选择自主起飞需要使用遥控器切换飞行模式，只有在切换之后，才能由地面站控制飞行器，并且只有在GPS卫星数满足要求的情况下才能切换。将遥控器油门杆量打至最低，否则会提示"飞行器在地上，并且油门杆量不在最低位置，请慎重切到手动模式！"进入GPS巡航模式或者GPS姿态模式，在地面站编辑器上单击"Go"命令，无人机将以起飞速度缓慢起飞。

手动起飞：手动模式起飞的无人机，需要使用遥控器操纵无人机飞至合适高度进行悬停。

需要注意"飞行器正在爬升至航点的高度，请把油门置于中位！"的警告提示，当把油门杆量打至中位时该警告会消失。该措施是为了防止不小心将模式切到手动模式或GPS姿态模式等，此时油门杆量在最低位，会导致无人机坠落。

（二）执行航线任务

（1）在编辑器中单击"GO"，无人机将按照在飞行任务中所设置的航线自主飞行。

（2）在任务执行期间，可以重新编辑航线任务：在任务编辑器中单击"编辑"，任务编辑器将返回第一步编辑飞行任务所描述的状态。

（3）在任务执行之后，还可以通过单击"暂停任务"，使无人机缓慢减速并稳定地停在空中。

（4）再单击"继续"，无人机将重新开始执行未完成的任务。

（三）无人机降落

当任务完成无人机返航后悬停在视距内时，降落的方式有两种，一种是通过地面站自主降落，另一种是使用遥控器手动降落。

自主降落：单击自主下降，飞行器会自主降落，然后熄火。在自主降落过程中，可以按键盘的↑、↓进行控制，或取消键盘控制以中止自主降落。自主降落过程中可以使用键盘的W、S（俯仰），A、D（横滚），↑、↓（油门），←、→（偏航）键操纵无人机进入一个合适的降落区域，或允许地面站自动选择一个合适的没有障碍物的降落区域。在无人机着陆后，继续按住↓键直到引擎完全熄火。

手动降落：完成飞行任务准备降落时，使用地面站单击"暂停"按钮，让无人机进入悬停状态，遥控器切换飞行模式至手动模式，操控者目视无人机，完成降落任务。

一、任务准备

（一）场地准备

根据任务要求，完成超视距飞行的场地准备如下：

飞行场：面积为1000 m×1000 m，视野开阔，周边无信号干扰、无飞行敏感区的合法空域，并提前上报备案作业区域和作业内容。

（二）设备准备

根据任务要求，结合"学习储备"中的飞行训练方法，完成飞行设备的选择。填写多旋翼无人机飞行设备清单，如表2-4-2所示。

表2-4-2　多旋翼无人机飞行设备清单

设备名称	设备型号	数量	单位
遥控器	AT9S Pro	1	个
多旋翼实操考证机	八旋翼（起飞全重＞7 kg）轴距1080 mm	1	架
多旋翼电池	6S 22.2 V 12000 mAh 25 C	2	块
多旋翼充电器	锂电池平衡充电器，25 A 1200 W 6~8S	1	个
飞控	DJI A2飞控或DJI GS支持的其他型号	1	套
数传电台	2.4 GHz Data Link（LK24-BT）	1	套
计算机	Windows系统 DJI GS软件	1	台

（三）材料准备

根据飞行设备清单，选择合适的飞行材料。填写多旋翼无人机飞行材料清单，如表2-4-3所示。

表2-4-3　多旋翼无人机飞行材料清单

材料名称	材料参数	数量	单位
多旋翼桨叶	碳纤维折叠桨1555 mm	4	对
双面胶	5 m（长）×12 mm（宽）×1.2 mm（厚）	1	卷
纤维胶带	5 m（长）×30 mm（宽）	1	卷
尼龙扎带	3 cm×150 cm	若干	

（四）物资准备

根据外场飞行实际需要，准备合适的物资。填写多旋翼无人机飞行物资清单，如表2-4-4所示。

表2-4-4　多旋翼无人机飞行物资清单

物资名称	物资型号	单位
太阳镜	常规	副
防晒帽	常规	顶
……	……	……

二、任务实施

无人机超视距飞行任务要求无人机执行自主起飞、执行航线任务，执行完毕后自动返航降落。连接好硬件部分的相关接线，打开地面站软件。

（1）准备一台安装有地面站软件的笔记本电脑，使用USB连接线连接无线数传电台地面端与笔记本电脑，如图2-4-16所示。如果使用2.4 GHz无线数传电台，只需将其机载端唯一的一个CAN口与飞控的空余CAN口连接即可。注意DJI A2飞控需要使用CAN2端口。在飞行过程中确保无线数传电台机载端的天线头时刻可见并竖直向下，以获得最大飞行活动半径。

连接

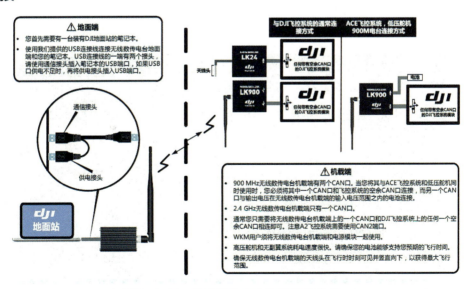

图2-4-16　无线数传电台和飞控的连接

（2）点击"编辑器"，然后点击"新建"，点击"+"地图中会出现一个"0"号点，将飞行器的经纬度复制粘贴到0号点的经纬度，如图2-4-17所示。

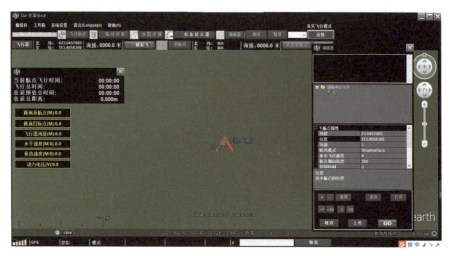

图2-4-17　设置0号点经纬度

（3）假设图形与飞行器的安全距离为15 m（需根据考官提供的实际数值情况作图），各点坐标分别为1号点（0，15），2号点（90，15），3号点（270，30），4号点（0，10），5号点（90，30），6号点（0，10），7号点（270，30），8号点（0，10），9号点（90，30），10号点（0，10），11号点（270，30），12号点（0，10），13号点（90，30），其中括号内第一个数值为角度，第二个数值为长度，依次在图形中输入，画出图形，如图2-4-18所示。

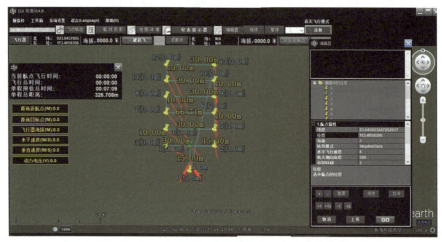

图2-4-18　设置其他点坐标

（4）删除图中的1号点（因为图中的1号点为安全距离的辅助点），删除后图中点的顺序即可对应题目中点的顺序，如图2-4-19所示。

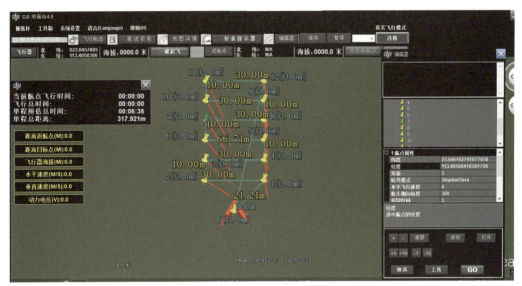

图2-4-19　删去辅助点

（5）在编辑器中按照题目要求修改航点参数，设置所有航点速度为3 m/s，垂直最大速度为1 m/s，转弯模式为StopAndTurn，设置所有航点海拔为30 m，如图2-4-20所示。

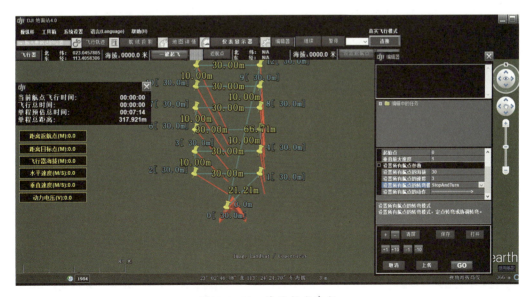

图2-4-20　修改航点参数

（6）设置好起飞点和降落点。

（7）保存航线文件。

（8）上传航线。

（9）无人机起飞。

（10）执行航线任务。

（11）应急返航：首先根据考题要求，将无人机切到对应的模式，如姿态模式（模拟GPS丢失情况）。考生预估无人机偏离HOME点的角度，准备好后考官将遮住屏幕，考生通过自己预估的角度打偏航向摇杆使机头对准HOME点后，推动油门杆，借助地面站仪表指示，操控无人机返航。无人机飞行速度须控制在5 m/s以内，且时刻注意仪表盘上显示的无人机飞行信息，如高度、速度、电压等，最后无人机能较为准确地飞至HOME点即为合格。

（12）降落：无人机在驾驶员的操作下安全平稳地降落到降落点。

（13）飞行后检查：对无人机外观、机械零部件、电气零部件、电气线路等进行安全检查。确认无误后收纳整理无人机、电池、遥控器及各种相关设备。

三、评价反馈

采用过程性评价和终结性评价相结合的方式。

过程性评价，主要对学生在任务前、任务中、任务后的表现过程进行综合性评价，过程性评价采用自我评价、组内评价和教师综合评价相结合的方式，过程性评价表详见附录2。

终结性评价，主要对学生的完成结果进行考核、测试和评价，终结性评价由老师对学生的完成结果进行评价打分。本任务结合民用无人机驾驶员实践考试要求，终结性评价表详见附录3"民用无人机驾驶员实践考试工作单"。

任务考核

某院校学生参加中国民用航空局民用无人机驾驶员多旋翼无人机超视距驾驶员执照考试，根据执照考试要求，应能使用Ⅲ级多旋翼无人机（4 kg＜空机质量≤15 kg、7 kg＜起飞全重≤25 kg），按图2-4-21完成实践考核飞行任务：

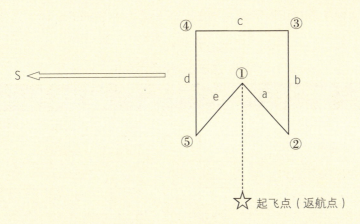

图2-4-21 考核航线图

（1）按要求规划上图任务，起飞点（坐标北纬23°7′48.11″，东经113°23′41″）到①点距离为40 m，图形正前方航向如图2-4-21所示；

（2）c、d航线长50 m，a、e航线长度相等（长度不作要求），航线相对地面高度为50 m，水平速度为5 m/s，垂直速度为2 m/s，转弯模式为定点转弯。②停留60 s，机头朝W方向；

（3）航线不循环，从0点开始执行。

附录

附录1：无人机专业名词对照表

无人机是一个新兴行业，其国家标准和行业标准建设相对滞后，无人机专业名词不统一。为便于教材编写和读者理解，将一些专业名词的全称、别称、简称、俗称列表如下。

无人机专业名词对照表

全称	别称、简称、俗称
无人机	无人机驾驶航空器、飞行器
多旋翼无人机	多旋翼
固定翼无人机	固定翼
无人直升机	直升机
电动机	电机
电子调速器	电调
螺旋桨	桨叶
飞行控制系统	飞控、自驾仪
无线数据传输系统	无线数传
无线图像传输系统	无线图传
任务载荷系统	任务载荷
第一人称视角	FPV
比例、积分、微分	PID
起飞着陆系统	发射回收系统

附录2：过程性评价表

本书各任务评价反馈采用过程性评价和终结性评价相结合的方式。

过程性评价，主要对小组成员在任务前、任务中、任务后的表现进行综合性评价，过程性评价采用自我评价、组内评价和教师综合评价相结合的方式。本书各任务的过程性评价表大体相似，如下表所示。

过程性评价表

序号	评价项目	自我评价	组内评价
1	学习态度和习惯：学习认真，参与积极，工作有序		
2	学习热情和纪律：兴趣浓厚，讨论积极，遵守纪律		
3	诚信意识和行为：实事求是，敢于承担，评价客观		
4	自我学习能力：收集信息，筛选重组，总结归纳		
5	解决问题能力：分析问题，确定策略，制订计划		
6	团队合作能力：分工合作，交流讨论，资源共享		
7	展示表达能力：主题紧扣，条理清晰，呈现丰富		
8	自主探究能力：积极探究，主动学习，归纳总结		
9	安全操作规范：着装规范，步骤合理，动作标准		
10	9S管理规范：整理、整顿、清扫、清洁、素养、安全、节约、学习、服务		

教师综合评价：

评价说明：
（1）自我评价、组内评价：分为优、良、中、差四个等级。
（2）教师综合评价：教师针对成员的总体表现进行引导式综合评价

终结性评价，主要对各小组的完成结果进行考核、测试和评价，终结性评价由教师组织各小组质检员组成质检小组，对各小组的完成结果进行评价打分。本书各任务的终结性评价表各不相同，具体详见各任务。

附录3：民用无人机驾驶员实践考试工作单

民用无人机驾驶员实践考试工作单

用墨水笔或打印填写所有项目

姓名：	身份证号：

考试日期： ＿＿＿年＿＿＿月＿＿＿日 地点：＿＿＿＿＿＿＿＿＿＿＿＿	培训单位：

所用航空器类别： 固定翼□　　直升机□　　多旋翼□ 垂直起降固定翼□　　其他□＿＿＿＿	等级：视距内驾驶员□　超视距驾驶员□
	所用航空器级别： Ⅲ□　Ⅳ□　Ⅴ□　Ⅵ□　Ⅶ□　ⅩⅠ□　ⅩⅡ□

考试项目	考试结论			补考推荐：＿＿＿＿			补考推荐：＿＿＿＿		
	结论	考试员	日期	结论	考试员	日期	结论	考试员	日期
实践飞行									
口试									
地面控制站									

注：补考推荐表示该申请人针对上次实践考试未通过的内容接受了必要的补充训练，具备能力通过实践考试

考试项目	补考推荐：＿＿＿＿			补考推荐：＿＿＿＿			补考推荐：＿＿＿＿		
	结论	考试员	日期	结论	考试员	日期	结论	考试员	日期
实践飞行									
口试									
地面控制站									

Ⅰ．飞行前准备	注：考试员应根据当时的天气情况设置一个考试方案以评估科目C和D			
A．证照及文件				
B．适航要求				
C．天气信息				
D．空域				
E．性能和限制数据				
F．任务描述与分解				
G．航线规划与编辑				
H．航线规划中的应急处理方案				

（续表）

Ⅱ．飞行前程序				
A．飞行器检查	★			
B．地面站检查				
C．发动机或动力电机启动	★			
D．起飞/发射前检查	★			
Ⅲ．机场或基地检查				
A．无线电通信	★			
B．起落航线范围				
C．跑道/发射回收区	★			
Ⅳ．操作范围：起飞/发射、着陆/回收、复飞	注：如无侧风，应用口试的方法对申请人侧风飞行知识进行评估			
A．正常和侧风条件下的起飞、发射和爬升	★			
B．正常和侧风条件下的进近和着陆	★			
C．不满足着陆条件下的复飞				
Ⅴ．航线飞行				
A．与飞行相关数据的获取				
B．切换航路点或修改航路点	★			
C．改变速度				
D．改变高度	★			
E．飞行控制模式的切换	★			
Ⅵ．应急操作	注：遭遇考核或口试			
A．下行链路故障				
B．上行链路故障				
C．动力系统故障				
D．机载系统故障				
E．地面站故障				
F．起落架或回收装置故障				
G．飞行平台操纵面故障				
H．飞行平台其他故障				
I．迫降或应急回收的实施	★			
Ⅶ．夜间飞行	注：可选			
A．夜航的特殊操作				
Ⅷ．飞行后程序				
A．飞行器降落或回收后检查	★			

（续表）

IX．机长				
A．空域申请与空管通信				
B．航空气象获取与分析				
C．系统检查程序				
D．正常飞行程序指挥				
E．应急飞行程序指挥				包括规避航空器、发动机故障、链路丢失、应急回收、迫降等
F．任务执行指挥				

综合评估			
项目	考试结论		备注
	通过	不通过	
正常程序操作			
获得飞行数据能力			
故障的判断与处理能力			
危险飞行状态的警觉性			
空域、防撞			
检查单的使用			
飞行安全			
机组资源管理			

考试员评语及结论

评语：

结论：
　　□通过　　□不通过
考试员合格证编号_____　签字_____　日期_____

协会审核	委任监察员审查意见	委任监察员签字
	□同意　　□不同意	日期　　　年　　月　　日

填写说明：

1．工作单位：指申请人的具体工作单位。

2．运行基地：指申请人所在的运行基地。

3．如使用模拟机/训练器考试，考试的地点应填写培训机构名称和地点。

4．航空器型号：应该填写具体型号，而不是种类，例如彩虹-2型无人机、DUF-2型无人机等。

5．如果申请人达到实践考试的标准，则应在相应科目的"考试结论"栏中标记"√"，如果申请人未能达到实践考试的标准，则应在相应科目的"考试结论"栏中标记"×"。

6．备注：应填写申请人存在的主要问题和考试员认为需要说明的内容。

7．学员应在工作单每页下方签字以表明本人已接受培训机构按照批准的训练大纲进行的训练，并达到了训练大纲的课程标准要求。

★表示必须掌握的内容。

参考文献

包荣剑，2019．林用小型垂直起降固定翼无人机的设计研究［D］．哈尔滨：东北林业大学．

陈裕芹，2019．无人机概论［M］．北京：航空工业出版社．

何华国，2017．无人机飞行训练［M］．北京：高等教育出版社．

刘媛媛，2018．垂直起降固定翼无人机设计、控制与试验［D］．南京：南京航空航天大学．

鲁储生，张富建，邹仁，等，2018．无人机组装与调试［M］．北京：清华大学出版社．

唐磊，曹云峰，2007．微型飞行器的飞行试验［J］．航空兵器（04）：16-18，29．

王冠林，武哲，2006．垂直起降无人机总体方案分析及控制策略综合研究［J］．飞机设计（03）：25-30．

杨传广，马铁林，甘文彪，等，2017．垂直起降固定翼无人机技术特点浅析［C］//中国航空学会．2017年（第三届）中国航空科学技术大会论文集（下册）．北京：中国科学技术出版社．

远洋航空教材编写委员会，2020．无人机飞行训练指导书［M］．北京：北京航空航天大学出版社．

钟伟雄，韦凤，邹仁，等，2019．无人机概论［M］．北京：清华大学出版社．

后记

　　"广东技工"工程教材新技能系列在广东省人力资源和社会保障厅的指导下，由广东省职业技术教研室牵头组织编写。本系列教材在编写过程中得到广东省人力资源和社会保障厅办公室、宣传处、综合规划处、财务处、职业能力建设处、技工教育管理处以及省职业技能服务指导中心和省职业训练局的高度重视和大力支持。

　　本教材由广州市机电技师学院牵头，深圳大疆创新科技有限公司、广州迪飞无人机科技有限公司、北京康鹤科技有限责任公司等参与编写。该教材对标新职业"无人机装调检修工"和"无人机驾驶员"的职业技能要求，采取项目引领、任务驱动的模式进行内容构建。以项目"无人机组装与调试"和"无人机操控"分别承载"无人机装调检修工"与"无人机驾驶员"的职业功能、工作内容、技能要求和相关理论知识。任务遵循人才成长规律和学习认知规律，其内容难度和深度依次逐级递增。本教材内容贴近工作实际，理论结合实际，深入浅出，通俗易懂，可操作性强，一书在手，教与学无忧。

　　本教材由杨敏、钟伟雄主编，负责搭建框架结构和统稿定稿。项目一的执笔情况如下：任务一由杨敏、钟伟雄、熊邦宏编写；任务二由桂佳佳、熊邦宏、程红编写；任务三由郑利坤、邹仁、程红编写；任务四由钟伟雄、邹仁、程红编写；任务五由邹仁、杨敏、马娟编写；任务六由韦凤、桂佳佳、王飞编写。项目二的执笔情况如下：任务一由刘尧、韦凤、马娟编写；任务二由刘尧、钟伟雄、熊邦宏编写；任务三由韦凤、桂佳佳、王飞编写；任务四由刘尧、杨敏、郑利坤编写。

　　本教材的编写得到了各方的大力支持。感谢深圳大疆创新科技有限公司、广州迪飞无人机科技有限公司、北京康鹤科技有限责任公司等公司为本教材的编写提供的大量资料、素材和有益建议；感谢广州市机电技师学院高级讲师陈彩凤为本教材框架结构提出的宝贵建议；感谢胡祖火、鞠致礼、杨铎、邓登登、许燕翔、黎广宇、符召成等企业专家为本教材编写分享的项目和生产经验；感谢广州市机电技师学院迪飞无人机俱乐部程文娜、张威、王新、李子曼等对本教材素材编辑付出的大量心血。

　　同时，本教材的编写也参考了大量的国内外文献和互联网资料，在此谨向原作者表示衷心的感谢。

　　本教材涉及的技术领域广泛，鉴于编者水平和经验有限，教材中难免存在疏漏和不妥之处，敬请广大读者和专家批评指正。

《无人机装调与操控》编写委员会
2021年7月